子どもはどこで犯罪にあっているか

犯罪空間の実情・要因・対策

中村 攻《おさむ》

晶文社

ブックデザイン　晶文社編集部

子どもはどこで犯罪にあっているか　目次

iv 「集合住宅団地」の危険空間

v 「一般市街地」の危険空間

はじめに　子どもとまちと犯罪

私は、都市計画、とりわけまちのオープンスペース（公園・緑地や広場や街路や自然地など、建物の建っていない空間）の計画を中心とする造園学の立場から、都市計画のありかたを研究・教育の対象にしています。

そのなかでも、とくに、子どもたちの生活の視点から都市計画のありかたを検証することを、研究の大きい柱の一つにしてきました。すなわち、子どもたちの生活する場所として、まちをどのようにつくっていくのかということに大きな関心をよせてきました。大都市東京の都心の子どもたち、高層集合住宅団地の子どもたち、ベッドタウンの子どもたち、地方都市や農山漁村の子どもたちといろいろな地域の子どもたちの生活を調べてきました。さまざまな居住地のタイプが子どもたちの生活の発達にどのような影響を与えているのかということを調べてきたわけです。

東京駅の周辺にも子どもたちは生活し、学校も存在します。高いビルに囲まれた谷間のような薄暗い学校からも、子どもたちの元気な声が聞こえてきます。どのような大都市の都心でも、そこで大人たちが生活しているかぎり、子どもたちも生活しているのです。けっしてビルとクルマと通勤者だけで成り立っているのではありません。しかし、こうした空間での子どもたちの生活は深刻です。子どもの生活からみた空間の極度の貧しさが、子どもの発達を大きく阻害《そがい》しています。

たとえば、子どもの遊びの発達にみられる性差や年齢差は極度にとぼしく、季節差もほとんどありません。男子も女子も、低学年も高学年も、一年中ほとんど同じ遊びをしているのです。あまりにも貧しい空間的状況が遊びをとおして子どもが心身を発達させていくことを大変むずかしくしているのです。

高層集合住宅の子どもたちの生活にも考えさせられるものがあります。子どもの生活の前提である〝大地〟から引き離されて生活することとの影響は、日本の場合には、イギリスなどにくらべて、あまり顕著に表れない場合が多いのです。どうしてなのかということの解明には、時間と労力が必要でした。従前（高層住宅に引っ越す前）の住宅事情（広さや周辺環境など）が一定の水準以上にある居住者だけを抽出《ちゅうしゅつ》すると、高層住宅の子どもの生活へのマイナスの影響は鮮明です。日本の場合は、従前の住宅事情があまりにも貧しいので高層住宅の問題を見えなくしているだけなのです。

農山漁村の子どもたちの生活も、第一次産業の衰退とともに深刻になっています。テレビやスナック菓子にお守りされている時間は、都市の子どもよりも長く、山や川や田畑は荒れ果てたり逆にきわめて整然と区画されたりして、子どもには危険で遊べない空間に変わってしまいました。もともと、農村で子どもに遊びを提供していた空間は、農業生産の上からも重要な役割をもっていました。したがって、それらの空間は農業生産の必要上から、維持管理がなされていました。そこを子どもたちが遊び場として利用していたのです。農業生産の衰退と近代化は、そうした空間を不要とし、あちこちに管理を放棄された空間が出現してきたのです。そこを遊び場としていた子どもたちは、遊び場を失ってきているわけです。

いろいろな居住地で、そこに住む子どもたちの生活の調査を通して、子どもの生活の発達という視点から居住地のありかたを研究してきました。そして、どの居住地をとっても、子どもの生活の発達という視点からの計画がきわめて脆弱《ぜいじゃく》なことが痛感させられます。華やかな計画になればなるほど、〝子どもの生活〟という視点は後退し、ときには姿を消してしまっているのです。しかし、大人がそこで生活するかぎり、子どももそこで生活しているのです。そして、子どもは、その地において、自己の生活を発達させる権利を持っているのであり、私たちはそれを保障していかなくてはならないのです。

おしなべて、日本の都市は過密だといわれています。人口当りの公園・緑地の面積は、ヨーロッパの諸都市の半分にも遠くおよびません。こうした公園・緑地面積の狭さは、下水道普及率の低さや住宅の狭さとともに、日本の都市の居住環境の後進性を示すものだとされてきました。当然のこととして、こうした空間を、主な生活のフィールドの一つとしてきた子どもたちのためにも、その拡充整備が強く望まれてきました。加えて、高度経済成長期からバブル経済期を経て、公園・緑地の機能を補完してきた空き地があちこちで姿を消していきました。狭い公園・緑地と空き地の急激な消失によって、子どもたちが自由に遊べる空間（公園で子どもたちが自由に遊べるかという問題はここでは問いません）は、大変貧弱になってきているわけです。こうした社会的状況をふまえて、日本の都市計画（広くはまちづくり）にかかわる人々や子どもの生活環境の改善に取り組む人々にとっては、都市のなかで公園・緑地を拡充していくことが大変重要な課題になっていたわけです。世界に類をみない高地価の日本の都市で、公園・緑地のように利潤を生み出さない空間を拡充していくことは大変困難なことです。至難の努力が、関係者たちによって続けられてきました。そして、少しずつではありますが、新しいまち、古いまちのあちこちに、こうした空間が誕生し、社会的にも注目されるようになってきたわけです。

都市において、公園・緑地を拡充することは、住民の居住環境の向上につながると、無条件に信じてきた人々にとって、衝撃的な事件が発生しました。戸外にいた子どもが誘拐され、殺害されるという事件が四件も連続して発生しました。いわゆる〝宮崎事件〟の発生です（現在裁判継続中）。事件の現場とされる場所に公園・緑地が登場したのです。この現場は、計画的に建設された集合住宅団地のなかの公園と緑地です。この団地は、集合住宅群の中央部に、比較的緑豊かな公園・広場を配し、団地内の各所に小公園や緑地を配した美しい団地です。この団地内の小公園で子どもが誘拐され、その隣の緑地で殺害されたとされています。

この事件を契機《けいき》にして、人々の公園・緑地にたいする考えにも、はっきりとした変化がみられるようになりました。潜在的問題意識が顕在化《けんざいか》してきたといってもいいでしょう。学校では、夏休みに要注意の危険空間として、地域の公園・緑地があげられるような悲しい事態も生れてきました。集合住宅団地では、中央部の樹木の茂る緑地では子どもたちが遊ばず、見通しの良い芝生の広場でしか遊ばないといった状況も生れてきました。開放的なオープンスペース（緑地）によって各住棟が連結され、団地全体が一つの公園的雰囲気をもつような新しい集合住宅団地では、防犯の視点から、こうした計画に反対する住民の活動が活発に展開されるようになりました。計画にかかわる人々の努力が、そのままでは、住民に受入れられないという現実が突きつけられたわけです。

都市計画に、〝犯罪から安全なまち〟という視点を、はっきりと組みこまなくてはならない——こうした問題意識を基に、警視庁と千葉県警本部を訪ねました。今から約一〇年前の初夏のことでした。まずは、子どもたちがどんな所で犯罪にあっているのかという実態を知りたいと思ったからです。両警察ともに協力を快諾し、資料を提供してくれました。しかし、そこにみられる子どもの犯罪とは、万引きしたり、シンナーを吸ったりといった子どもが加害者として犯罪をおこした事例でした。しかし、私が必要なのは、普通の子どもが犯罪の被害者として巻きこまれた実態なのです。犯人を検挙することを主な任務とする警察には、こうした形での資料の整理はなされていないことが判明しました。と同時に、警察にも存在しないわけですから、日本の行政機関には、どこにも、こうした資料は存在しないことも知らされたわけです。すなわち、日本の行政（自治体）では、それぞれのまちやむらで、子どもたちが〝どこで〟〝どんな形で〟犯罪にあっているのかという実態すらわかっていないわけです。これでは、子どもが犯罪から守られる安全なまちなど計画できるわけがありません。

学問分野では、どんなことが明らかにされてきたのでしょうか。それを知るために、犯罪にかかわる学会誌や協会誌などの論文を数多く集め、目を通しました。その結果判明したことは、次の二つのことでした。

一つは、犯罪に関する研究のほとんどが犯罪社会学や犯罪心理学といった分野のものであるということです。犯罪が発生する社会的要因や、加害者や被害者の心理解析《かいせき》といった研究が多く、犯罪空間学ともいうべき視点での研究はきわめて例外的にしか存在しないということです。

もう一つは、数少ない犯罪空間学の研究の内実が判明したことです。犯罪空間学で特筆されるべき研究としては、アメリカの現実に触発されて進められた故湯川利和奈良女子大学教授たちによるものがあります。これは、高層集合住宅という建築物のもつ危険性を解明しようとした先駆的な研究です。その他に、警察関係者を中心とした、主として盗難予防のための空間的研究があります。——建築物だけでなくまち全体を対象にして、盗難だけではなく直接人体に危害を加える粗暴犯や風俗犯をも対象にした犯罪の空間的解明については、学問の上でもほとんど未踏の分野になっているのです。

そこで、子どもが犯罪に巻きこまれる実態を調査することにしました。私たちの大学の存在する千葉県松戸市と隣接する市川市の小学校の四・五・六年生を対象にしました。松戸市や市川市は東京のベッドタウンとしての性格の強いまちです。このなかから、集合住宅地、住工混在地、駅前商業地など、地域条件の異なる小学校を十三校抽出《ちゅうしゅつ》し、高学年の全生徒五〇〇〇余人に調査を実施したわけです。

調査の結果、驚くべき実態が明らかになりました。地域の性格にかかわりなく、どの小学校でも、小学校の高学年になるまでに四割前後の子どもが犯罪の危険に遭遇《そうぐう》していることがわかったのです。これでは、子どもたちは犯罪の危険と背中合せに生活しているといっても過言ではありません。大きい犯罪にいつ巻きこまれても不思議はないのです。

犯罪が発生した場所を実地に見て歩きました。そこから、どんな場所が危険なのかという知見を引出さなくてはならないからです。しかし、残念なことに、犯罪現場に立っても、そこでたまたま発生したのか、必然的に発生する要因があったのかがわかりませんでした。問題の重要性はきわめてはっきりしたのに、そこからどのように知見を得るべきかがわからず悶々《もんもん》としたまま歳月が過ぎました。

文部省の科学研究費の助成を受けて、同じ調査を、今度は東京でやることにしました。なるべく都心に近くて（千代田区、港区、中央区の都心三区になると子どもの数が少なくなる）かつ子どもたちが少なくない地域として江東区と、周辺部で大学にも近い地域として葛飾区を選出し、地域条件の違いをふまえて各区九校づつの計十八校を抽出し、合計三〇〇〇余名の小学校高学年の生徒全員に調査を実施したのです。

この調査でも、前回と同じような傾向が浮びあがりました。すなわち、あまり地域の性格にかかわりなく、どの地域でも、四割前後の子どもたちが犯罪の危険に遭遇しているのです。前回の調査結果をもふまえて、この結果をみると、日本の都市ではどこに住んでいても、子どもたちは蔓延《まんえん》する犯罪の危険といっしょに生

犯罪の危険にあった子ども——A市７校の場合

学校	OW小		KN小		NK小		SY小		SW小		OS小		SY小		計	
性別	男	女	男	女	男	女	男	女	男	女	男	女	男	女	男	女
ある	43 (39)	61 (47)	66 (40)	61 (34)	70 (32)	65 (31)	107 (39)	97 (36)	120 (46)	109 (45)	35 (29)	45 (32)	79 (43)	74 (40)	520 (39)	512 (38)
	104 (43)		127 (37)		135 (32)		204 (38)		229 (45)		80 (30)		153 (41)		1,032 (38)	
ない	68 (61)	69 (53)	99 (60)	118 (66)	148 (68)	144 (69)	169 (61)	171 (64)	143 (54)	132 (55)	87 (71)	97 (68)	107 (57)	110 (60)	821 (61)	841 (62)
	137 (57)		217 (63)		292 (68)		340 (62)		275 (55)		184 (70)		217 (59)		1,662 (62)	
計	111	130	165	179	218	209	276	268	263	241	122	142	186	184	1,341	1,353
	241		344		427		544		504		264		370		2,694	

単位：人（％）

注・表の７校には、さまざまな性格の地域の学校が存在する。

活しているといえるでしょう。

この衝撃的な調査結果をエネルギーにして、代表的な犯罪危険個所としてプロットされた三〇〇余の地点を一つ一つ見て歩きました。〟犯罪が発生する場所には、空間的特徴があるのか？〟この命題に対する知見を得ることのみに焦点をあて、一度ならず二度と、これらの地点を歩いてみました。すると、まるで見えなかった輪郭がうっすらと見えてくるような気がしてきました。深くたちこめていた霧が一気に晴れていくような時機を迎えることができました。犯罪危険個所には、そこが危険個所たり得る空間的要因が必ず存在することがつかめてきたのです。そして、この空間的要因が、今日のまちづくりの結果として発生していると思えるようになりました。このままの方向でまちづくりを進めていったら、子どもたちはますます犯罪の危険にさらされてしまうと確信するようになったわけです。


こうして得られた結果を、学術論文として抽象化していくと同時に、まちづくりにかかわる多くの人たちに、図と写真をまじえて具体的に知らせていきたいという衝動にかられて、この本を書くことになりました。

本書は必ずしも第一章から順次読んでいただく必要はありません。「はじめに」と「おわりに」は目を通してほしいのですが、後は、目次を索引がわりにして関心のある項目だけを必要に応じて読んでいただくのもよいと思います。また、第vi章と第vii章を読んでいただくだけでも危険空間の大要をつかむことができます。

i 「区画整理」と危険空間

1 都市化と無関係につくられる公園

区画整理は、〃都市計画の母〃といわれています。これは、日本の都市の多くの部分が区画整理事業によって整備されてきたことを意味しています。区画整理事業以外には、広がりのある面的整備の手法をあまり持たない日本の都市では、この事業は、きわめて貴重で有効な都市建設の手段であったし、今後もそうした役割が期待されています。

区画整理は、都市のなかの公園をつくる上でも大変重要な役割を果たしてきました。

区画整理事業では、計画対象面積の三%を公園に充当することになっています。特別に大規模な公園や特殊な公園でないかぎり、都市のなかに散在する多くの公園は、区画整理事業によってつくられたといってもいいでしょう。しかし、この事業によってつくられる公園には、危険なものが少なくありません。これらの

〔図1〕

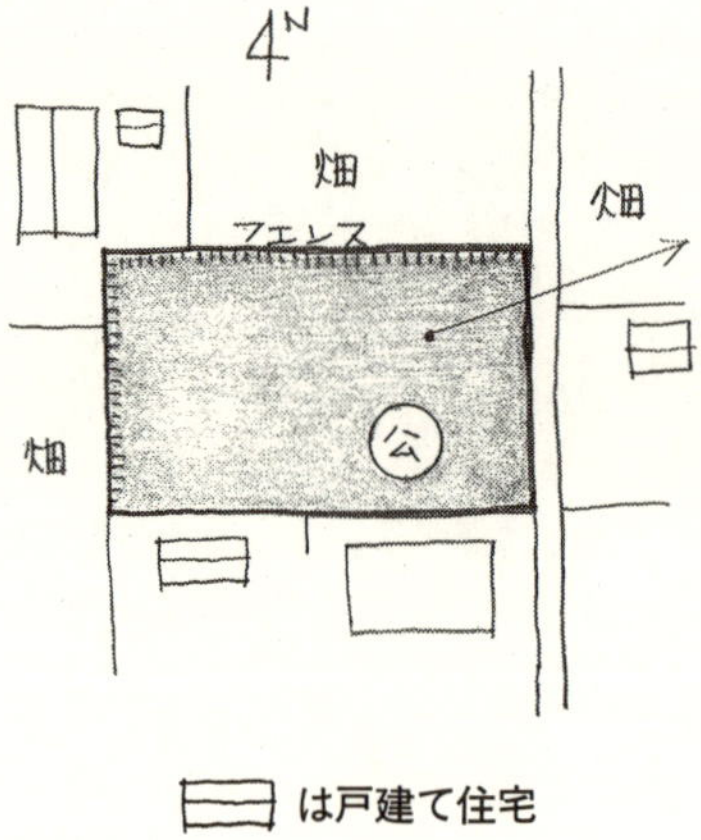

は戸建て住宅

〔代表的な発生犯罪事例〕

外国人の男性にだきつかれ胸をさわられた。

イ）〔被害者の年齢・性別〕12才女子
ロ）〔発生時間〕２月17時
ハ）〔被害時の状況〕２人で遊んでいて
ニ）〔加害者の特性〕見知らぬ大人

中学生になぐられそうになった。

イ）12才男子
ロ）２月16時
ハ）３人で遊んでいて
ニ）見知らぬ中学生

公園は都市化の進捗《しんちょく》状況（熟成度）によって、三段階の顔を見せながら、地域のなかに定着していきます。

（イ）第一段階

この段階では、まだ周辺は市街化されていません。公園の周辺には、農地があちこちに散在し、農家などの既存宅地や一部に新しい住宅が見られる程度です。**図1**は、こうした段階での公園です。この公園ではそこに目を注ぐ住民がいないといった問題だけではありません。公園の周辺（北と東の建物のない開放部分）には、高さ一間程度のトタン板のフェンスが張りめぐらされています。これは、周辺の畑地から土埃りが吹きこむのを防ぎ、北風をさえぎって日だまりをつくるための〝利用者の智恵〟なのですが、このことが、この公園を大変危険なものにしています。

第一段階の公園は、周辺に居住者の姿もまばらで、まだ周りとの関連も希薄なまま、孤立して存在しています。こうした公園は大変危険な空間なのです。

（ロ）第二段階

時間の経過とともに、公園の周辺も市街化されていきます。しかし、その速度はけっして早いものではあ

公園ができてしばらくは、周辺には畑が多く人影はあまり見られない。

周辺の畑から土埃りが吹きこむのを防ぐため、高さ１間近いフェンスをめぐらしている。

＊　同一ページに写真が２点ある場合は左から右への順になっています。（以下同じ）

りません。ボツボツ市街化していくというのが一般的です。区画整理事業が、道路や公園といった都市基盤を先行的に整備しながら、その後の市街化は民間（土地所有者）にゆだねるといった性格上からみて、当然のことだといえましょう。

この段階になると、公園の周辺の農地や空き地の用途転用も進みます。しかし、周辺の土地が、すぐに宅地化するわけではありません。農地や空き地の多くは駐車場や仮設倉庫や資材置場などの一時的な利用に姿を変えていきます。この段階の公園は、こうした一時的で粗放的《そほうてき》な空間に周りを囲まれるようになってきます。**図2**は、こうした段階の公園の一例です。三方を駐車場で囲まれ、痴漢などの発生する危険な公園です。こうした公園は、地域の人々にもうとんじられ、あまり利用されなくなります。時には、地域の〃不良〃のたまり場にもなったりします。こうなると地域の子どもたちには、あまり近寄ってはいけない空間になってきます。

（ハ）第三段階

時間の経過とともに、公園周辺の土地は、駐車場な

〔図２〕

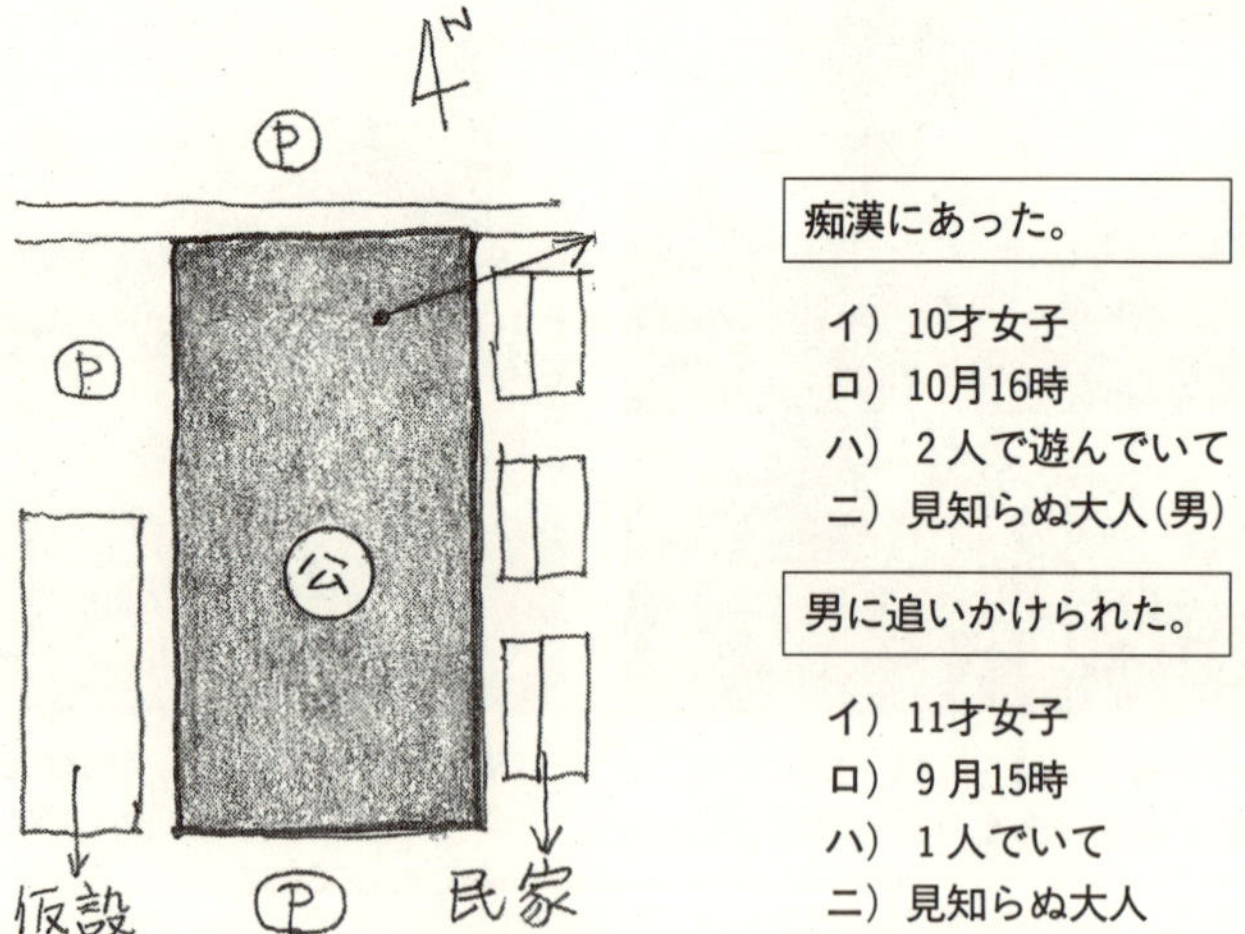
P
P
公
P
仮設倉庫
民家
（公園に背を向けて）
痴漢にあった。
イ）10才女子
ロ）10月16時
ハ）２人で遊んでいて
ニ）見知らぬ大人(男)
男に追いかけられた。
イ）11才女子
ロ）９月15時
ハ）１人でいて
ニ）見知らぬ大人

どの一時的な利用から、住宅などの恒常的な利用へと変わっていきます。この段階になって、やっと、〝まち〟としての姿を整えてくるわけです。しかし、第二段階ですっかりまちの迷惑施設になってしまっている公園では、周りの住宅などが公園に背を向けて建っていく場合が少なくありません。こうなると、公園に接する住宅は、方位に関係なく、開口部の少ない、居住性の低い部分を公園の側に向けて建っていきます。公園の方に開口部をもつ場合にも、植栽やブロックなどでしっかりと公園との関係を切断しています。こうして、周りの住宅から見放された、周辺からスッポリと落ちこんだ洞穴のような空間が誕生します。**図3**はそうした公園の一例です。

区画整理事業でつくられる公園は、けっして子どもたちにとって安全な空間とは限りません。事業後の都市化の進捗状況に応じて、いくつかの危険な段階を経て、最終的にも、周辺から孤立した〝まちの危険空間〟として定着していく可能性の大きい空間です。

その要因は、区画整理事業による公園は、公園の周

公園の周りは農地から一時的な駐車場などに姿を変える。

辺の市街化（とくに公園に接する建物の用途やデザイン）と関係なく、先行的に建設されるということに大きくかかわっています。公園の安全性は、それに接する建物をはじめ周辺の建物や道路や樹木などとの関係によって大きく影響をうけます。したがって、先行的に建設される公園は接園空間（公園に接する空間）をはじめ、周辺の空間がどのような用途につかわれ、どうデザインされるべきかということについて計画をもつ必要があります。時間的には遅れて建つ住宅などはその計画にしたがって建設されていくべきです。そうしたことを地区計画のような制度で担保《たんぽ》していくことが必要です。

その上で、できあがっていく周辺の住宅などの性格によって公園を修復し、最終的には地域に溶けこんだ公園をつくりあげていくことです。

〔図3〕

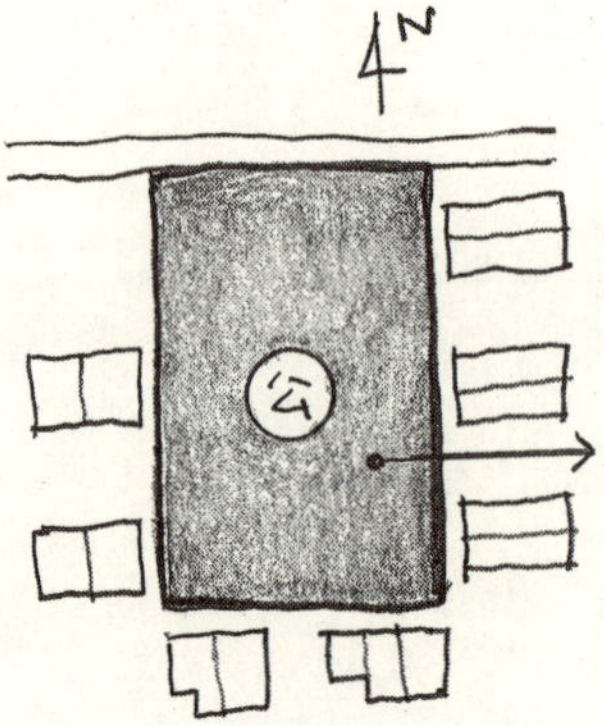

やがて公園の周辺には民家が建ち並ぶ。しかし迷惑公園にはすべての民家が背を向ける。

性器を見せられた。

イ）9才女子
ロ）3月17時
ハ）4人で遊んでいて
ニ）見知らぬ大人（男）

男に追いかけられた。

イ）9才女子
ロ）11月17時
ハ）1人で下校時
ニ）見知らぬ大人

公園の東側に隣接する民家は公園側には小さな開口部しか見せない。

公園の西側に隣接する民家。こうなると公園は周囲から孤立する。

2　公共施設と一体感のない公園

区画整理事業による公園は、公共減歩《げんぶ》（公共施設を整備するために土地所有者が土地の一部を出し合う制度）によってつくられるものが大多数です。このうちやや広い近隣公園などは、役所の出張所や保健所支所、図書館や児童館、公営住宅といった公共施設などと一体でつくられる場合が少なくありません。これらと同一敷地内であったり、近接してつくられたりしています。

図4はそうしたものの一例です。この場合は公園の敷地の一部に区立保健相談所が建設されています。しかし、この相談所と公園は同じく公共（区）によって建設されたものでありながら、同じ敷地に存在するという以外に、まったくかかわりなく建設されています。保健相談所の一階には駐車場と一部に機械室が設置され、人影はたまにしか見られません。二階の公園に面

〔図4〕

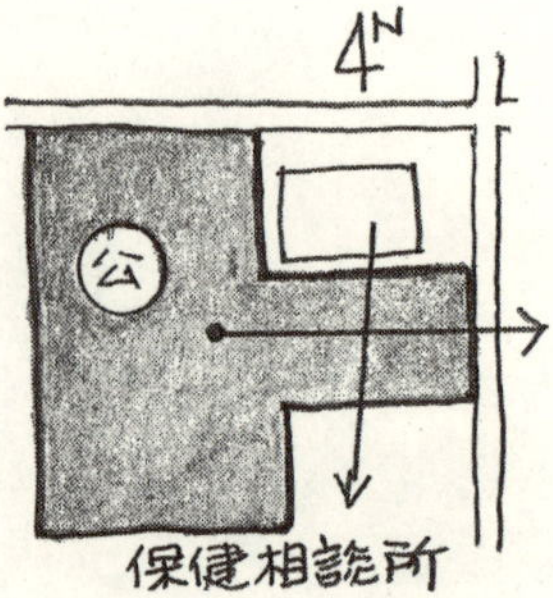

男に追いかけられた。

イ）９才女子
ロ）10月17時
ハ）１人で塾の帰り
ニ）見知らぬ大人

中学生になぐられた。

イ）10才女子
ロ）15時
ハ）３人で遊んでいて
ニ）たまに見かける中学生

２万５千円返せと言われた。

イ）８才男子
ロ）11月13時
ハ）２人で遊んでいて
ニ）高齢者

した部分も開口部が小さく人影は見られません。この公園は犯罪の多発している危険な公園ですが、保健相談所の事務室や待合室が一階部にあって公園側に開かれていたならば、公園の子どもたちも安全であり、相談所の人々も四季の緑を感じることができるでしょう。この敷地の一部に保健相談所を建設する時に、もう少し公園との一体感を考えていたら、両者とも、もっとすばらしい環境を手に入れることができたでしょう。

図5も、そうした公園の一例です。この公園は区画整理事業でつくられた公園であり、周りに区役所の出張所や公営住宅を配した好位置にあります。もしこの公園が区役所出張所や公営住宅と一体性をもって建設されていたら、地域で最も安全で快適な公園になり、周辺の建物にも良好な環境を提供できる恵まれた条件をもっています。しかし、公園とこれらの施設の間にはそうした一体性はありません。

その結果、この公園は、犯罪の多発する地域でも最も危険な公園になっています。公園の西側の区役所出張所は、公園に背を向けています。公園から出張所内部で働く人々や待合室の人々の姿を見ることはできま

保健相談所の公園側。1階には駐車場や機械室、2階には小さな窓があるだけ。これでは公園と保健相談所が同じ敷地にある意味はない。

せん。加えて、この建物と公園の敷地境界には、出張所を訪れる人々のために自転車置場が設置されています。自転車置場のトタン板によって両者は完全に分断されています。

出張所で働く人々やそこを訪れる人々の暖かい視線が、この公園に十分に注がれるように計画されていたならば、この公園は安全な公園になったであろうし、出張所も、もっと良い環境を手に入れることができたでしょう。

公園の北側には道路をはさんで公営住宅が建設されています。すなわち、この公園は公営住宅の南側に存在するわけです。後でくわしく紹介しますが、集合住宅の南側に位置する公園は、きわめて安全な公園です。北側にある公園にくらべて、南側の公園には集合住宅の住民の目が十分に注がれるからです。しかし、この公園は、こうした好条件を生かしていません。この公園は、敷地の北側、すなわち公営住宅側に高木を配しています。集合住宅の住民の視線は、この高木にさえぎられて公園内部に注がれることはありません。この場合も、公園が周りの建物とは無関係に設計されてい

〔図５〕

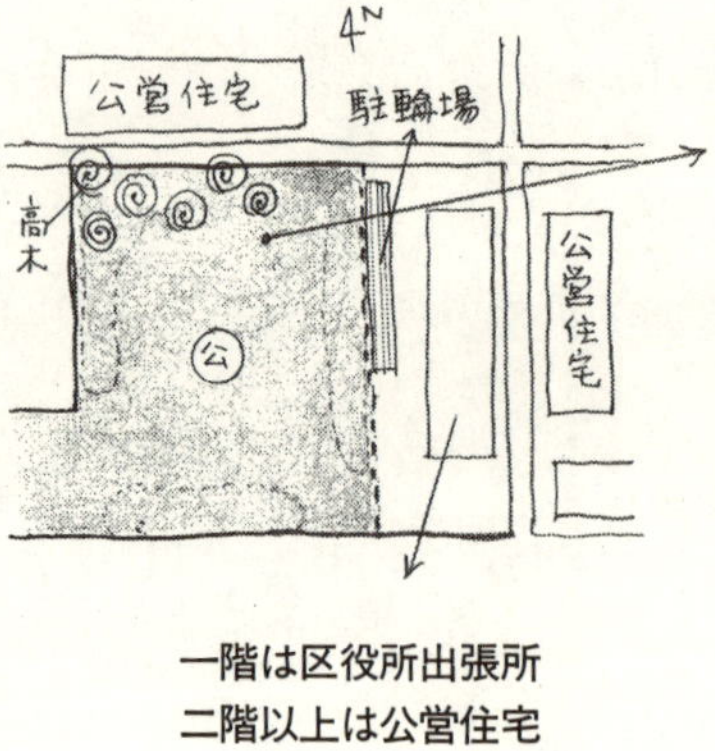

一階は区役所出張所
二階以上は公営住宅

性器を見せて さわれと言われた。

イ）８才女子
ロ）９月15時
ハ）３人で遊んでいて
ニ）たまに見かける大人（男）

かつあげされた。

イ）12才女子
ロ）９月16時
ハ）１人で友達を待っていて
ニ）たまに見かける中学生

中学生におどされた。

イ）９才男子
ロ）12月15時
ハ）２人でいたとき
ニ）中学生

おしりをさわられた。

イ）９才女子
ロ）15時
ハ）１人で遊んでいて
ニ）見知らぬ大人（男）

るのです。周りの建物が民間のものなら、調整がむずかしいかもしれませんが、周りの建物は公営住宅ですから、調整はできたはずです。

公園は公園行政、区役所は総務行政、公営住宅は住宅行政などなどと、同一敷地の建物までもが、タテ割り行政によってバラバラに関連なくつくられています。これらの施設がお互いの短所をおぎないながら長所を十分に生かして、一体感のある空間をつくりだしていくならば、その効果は相乗《そうじょう》してすばらしい環境をつくることができるのです。その時、公園は安全であるのみならず、その中心的役割を演ずることができるでしょう。

無造作につくられた駐輪場が公園と区役所出張所との関係を断ち切っている。

公園の高木が、南面する公営住宅の居住者の眼差しを断ち切っている。

3　公園と隣接すべきでない公共施設

公園が、地域内の公共施設が集中する地区に建設される場合、接園する他の施設との一体性を十分に配慮して設計されるならば、両者は相乗効果を出しあって優れた環境をつくりだすことができます。しかし、現実には、各施設がバラバラに建設されて、公園が危険な空間になっていることは、すでに指摘しました。

公園と他の公共施設との一体的な計画という考えは大切なことですが、こうした考えかたになじまない施設もあります。**図6**は、こうした事例の一つです。

この公園は、清掃工場と近接してつくられています。清掃工場はその仕事の性格から、工場内への地域住民の立ち入りを遮断《しゃだん》しています。この事例地では、公園との境界に高く頑丈なコンクリート塀が築かれています。この塀に沿ってつくられている公園の入口付近の園路は、暗くて危険な空間になっています。最近では、

〔図6〕

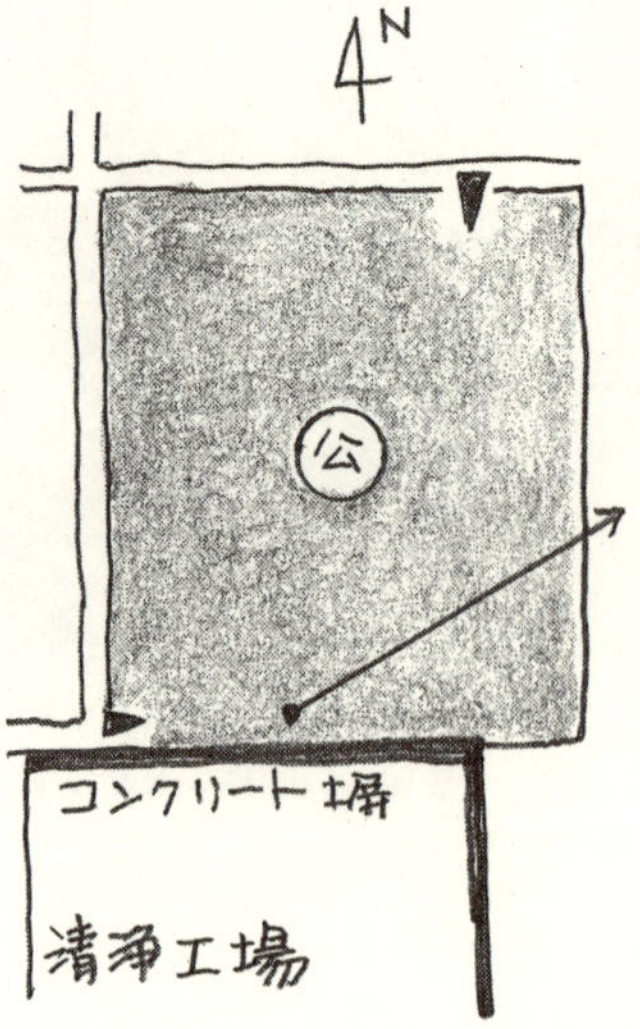

男に追いかけられた。

イ）9才女子
ロ）1月19時
ハ）2人で塾の帰り
ニ）見知らぬ大人

おどされて金をとられた。

イ）10才男子
ロ）8月15時
ハ）4人で遊んでいて
ニ）見知らぬ中学生

清掃工場も技術革新が進んで敷地の公開性も進んでいますが、敷地に余裕のない場合などには、工場部分だけが閉鎖的に建設される場合も少なくありません。公共施設が集中的に立地できる地区だからといって、公園といっしょに、どんな施設をつくってもいいというものではありません。施設の性格によっては、公園と隣接してつくるべきではない施設もあるわけです。ましてや、こうした施設が迷惑施設だからといって、周辺住民へのサービス施設として公園を併設するといったことが安易に考えられてはなりません。結局は、そうした公園はあまり使われなくて危険な空間化する場合が多いのです。公園はまちにとって、もっと大切で重要な施設なのです。

清掃工場のコンクリート塀に沿った公園の入口付近は暗い。

4　沿道の粗放的利用と危険な道路

区画整理事業によってできるまちは、公園だけが危険というわけではありません。第1項で検証した市街化の第一段階や第二段階では、道路も危険がいっぱいの空間です。区画整理事業では、道路も公園と同時に先行整備されますが、沿道のまちがどのような姿になっていくかという見通しも、きわめて曖昧《あいまい》なものです。せいぜい用途地域で大まかな土地利用や形態が決められている程度です。そんな中で、土地所有者の都合だけであちこちに土地の宅地化が進行します。それにともなって、まちに子どもたちの姿が増えてくるわけですが、こうした段階の道路は、子どもたちには危険なものです。**図7**は、そうしたものの一例です。

道路の両側の土地利用はきわめて粗放的《そほうてき》です。荒地のまま放置された土地、一時的に駐車場になっている土地、資材置場になっている土地などが連続して道路

〔図7〕

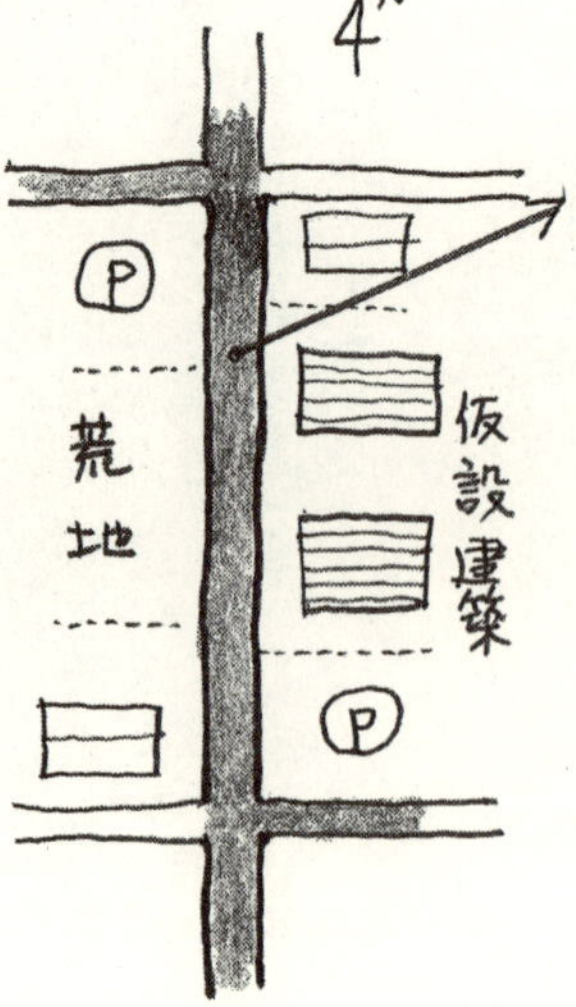

肩を組まれて胸や足など体型のことをいろいろ言われた。

イ）10才女子
ロ）11月8時
ハ）2人で登校時
ニ）たまに見かける高齢者

男に追いかけられた。

イ）10才女子
ロ）3月17時
ハ）1人でいて
ニ）見知らぬ大人

の両側を占めています。道路を先行整備して、その後のまちづくりは土地所有者にゆだねるという事業手法は改善される必要があります。

道路の東側は仮設建築。

道路の西側は管理が放棄された荒れ地。

5　区画整理地内の農家が生む危険空間

都市近郊地域などの区画整理事業では事業区域内に農家が点在する場合が少なくありません。この場合、農家の敷地は周辺の新規住宅にくらべて、いくつかの特徴をもっています。何よりも屋敷の敷地は広く、その周囲は、中・高木の屋敷林や強固な石垣などで囲われています。敷地内には、広い庭や作業小屋などが存在し、敷地の一番奥の部分に母屋《おもや》（家族の住宅）があります。こうした敷地の特徴は、周辺の新規住宅が敷地が小さく、画一的で、緑の少ないなかで、地域に個性と潤いを演出するものであり、否定されるものではありません。

しかし、この空間はそのままでは、周囲の道路を利用する子どもたちにとっては、案外と危険の多い空間になっています。鬱蒼《うつそう》と繁る屋敷林や強固な石垣、広い庭をへだててしか存在しない住宅といった敷地に接

〔図8〕

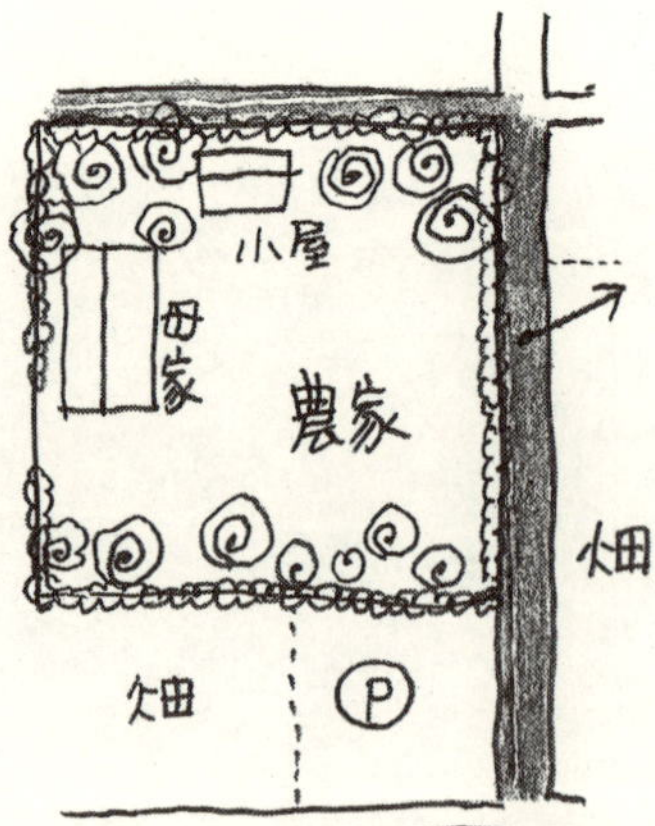

男に追いかけられた。

イ）6才女子
ロ）8月11時
ハ）3人でいて
ニ）見知らぬ大人

する道路では、子どもは犯罪にあいやすいのです。

図8は、そうしたものの一例です。農家の屋敷は強固なブロック塀にかこまれ、その上に屋敷林が繁っています。敷地は広く母屋は道路から一番遠い所に位置しています。道路をはさんで反対側には、農家の畑地が残っています。こうした空間はまちの死角の一つです。

こうした空間には、どのような対応が必要なのでしょうか？　この場合考えられるのは、道路をはさんで

鬱蒼とした屋敷林に囲まれた農家。
まちには大切な緑なのだが……。

まちのなかの典型的な農家。美しいけれども、まちとのかかわりで
改善が望まれる。

農家と反対側の空間の計画です。この事例では、農地として残されています。区画整理地内の農家が、自己の農地を宅地化していく場合、比較的営農条件の不利な、自宅から離れた農地から宅地化し、自宅周辺の農地を残していく場合が少なくありません。この事例もそうしたものの一つと考えられます。しかし、農家は、区画整理事業を実施する場合、すなわち、農地の宅地化を進める場合には、自分の屋敷が、そのままでは、子どもたちに危険な空間になることを意識し、まずは、自宅周辺から宅地化を進めていくといった姿勢が必要です。道路をはさんで農家の反対側の農地を、まずは宅地化し、その宅地に新築される住宅群によって、農家のもつ空間的欠陥を補っていくといったまちづくりが必要なのです。

区画整理事業をとおして、農家がまちづくりへ参画していくということは、そうした配慮をしていくことなのです。

道路をはさんで西側には、屋敷近くに残された農地。

同じく東側には、広い敷地をかまえる農家。

ii　「変貌する市街地」の危険空間

6　変化する業種

かつて商店は、地域の子どもたちを見守り育ててきました。子どもの成育環境としての〝地域の教育力〟を考えるとき、地域の商店は、その重要な一翼を占めていました。しかし、最近では、郊外部に立地する大規模小売店の建設ラッシュと過当競争によって、既成市街地の商店は大きな変貌を余儀なくされています。こうした商店の変貌によって、かつて子どもたちを見守ってきた地域の商店が、逆に子どもたちにとって危険な存在に変わったりしています。

図9は、その一例です。この場合には、業種の変化によって、商店が危険な空間になってきています。新しい業種であるゲームセンターは、店の構造としても、前面道路から内部が見えないような工夫がされています。従前は、前面道路に対してきわめてオープンだった商店が、こうして閉鎖性の高い業種へと変化するこ

〔図9〕

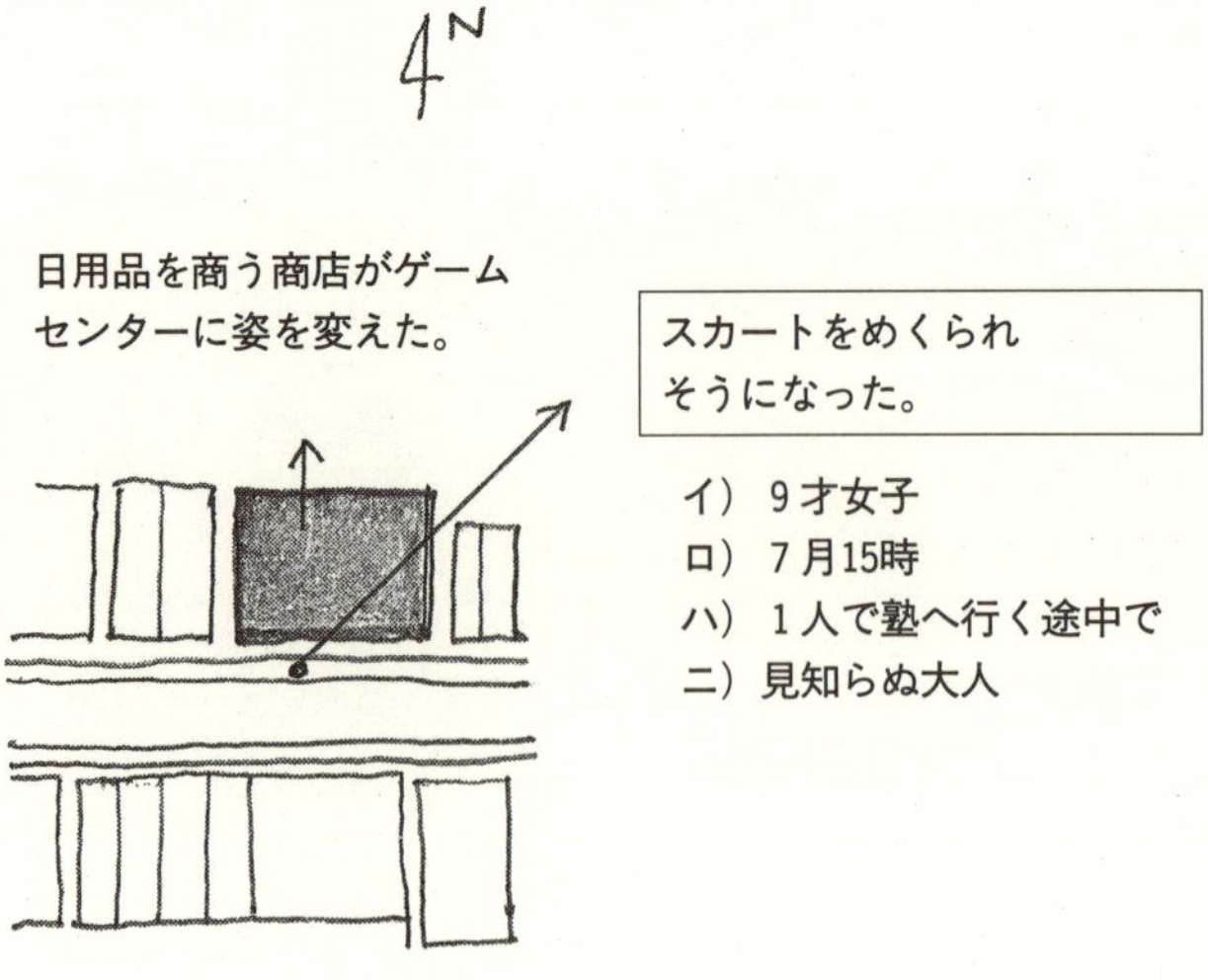
N
日用品を商う商店がゲームセンターに姿を変えた。
スカートをめくられそうになった。
イ）9才女子
ロ）7月15時
ハ）1人で塾へ行く途中で
ニ）見知らぬ大人

とによって、前面道路で犯罪が発生しやすくなるわけです。こうした商店の業種変化が連続すると、前面道路の犯罪の危険性は一層高くなります。こうした商店の業種変化にともなう危険空間が、わが国の都市のあちこちで発生しています。

ゲームセンター。前面道路から見通せない店が増えている。

7　変貌する商店街

地域の商店街は、そこに住む人々の活力を象徴するものです。地域の人々と商店の人々の元気な言葉が飛び交う商店街は、地域の子どもたちにとっても楽しい生活の空間でありました。こうした地域の商店街が、いま大きく変貌しつつあります。この変貌によって、地域の商店街は、子どもたちにとって大変危険な空間に様変わりしてきています。

図10は、こうした商店街の典型例の一つです。ここでは、子どもたちが、風俗犯や粗暴犯や窃盗犯などのさまざまな犯罪にあっています。ここの商店の変貌は、三つの面から、子どもたちにとって危険な空間になっています。

一つ目は、商店街のあちこちに廃業した空家や空地が発生していることです。この事例地では、ほぼ連続して五軒の商店が廃業によって空家になっています。

〔図10〕

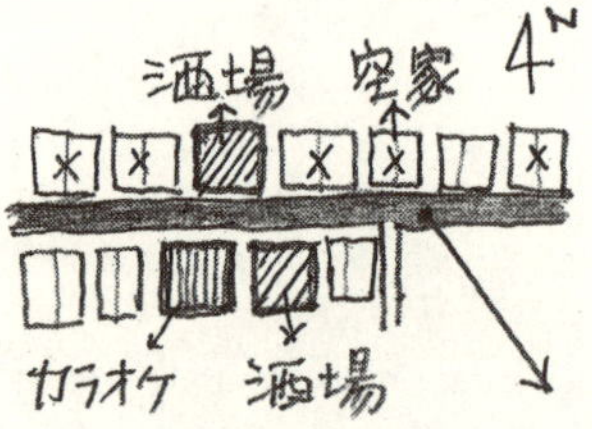

〔商店街の変貌〕

おしりをさわられた。

イ）10才女子
ロ）７月11時
ハ）１人で下校中
ニ）見知らぬ中学生

自転車で追いかけられた。

イ）11才女子
ロ）10月14時
ハ）１人で塾へ行く途中で
ニ）見知らぬ大人（男）

けんかを売られた。

イ）12才女子
ロ）16時
ハ）４人で遊んでいて
ニ）見知らぬ中学生

昼間から戸が閉められたままの状態です。

二つ目は、商店の業種が昼型から夜型に変わってきていることです。この事例地では、昼間は店を閉ざしていて、夕方から夜にかけて店を開く居酒屋やスナックなどに変化しています。これは廃業による空家化ではありませんが、子どもたちにとっては、昼間は店が閉じられているということでは同じことです。

三つ目は、前項でも紹介したような業種の変化がおきていることです。すなわち、街（道路）に対して開放的な業種から、閉鎖的な業種への変化が増加しています。ゲームセンターやカラオケボックスといった業種がそうです。これらの業種は昼間から営業はしていても、街に対してはきわめて閉鎖的なつくりになっています。

この商店街は、こうした三つの変化が重なりあって、子どもには、大変危険な空間に様変わりしています。

地域再生の視点から、地域の商店街の活性化は、大きい課題になりつつありますが、子どもの生活空間という視点からも、地域商店街の活性化は重要な意味をもっています。地域の商店街を、単なる物品の売買の場として短絡的《たんらくてき》にとらえるのではなく、もっと広く、地域の教育や文化を育み、コミュニティーを醸成《じょうせい》する空間としてとらえなおす必要性があります。

このように、地域の人々が生活する空間を、もっと複眼的で総合的な視点からとらえなおすために、生活そのものの考えかたを大幅に見直すことが不可欠です。買物は買物だけ、子育ては子育てだけ、リクリエーションはリクリエーションだけ、福祉は福祉だけといったように、人々の生活はバラバラに切り裂かれてきて

昼間もシャッターを閉めた店が続く。

います。そして、それぞれが効率を最優先に高度化され、専門化された空間を求めていきます。

しかし、切り裂かれて高度化された生活は、生活の他の分野にさけがたいマイナスの影響をおよぼすことが少なくありません。人間の生活にとって大切なのは、切り裂かれた生活の部分部分ではなくて、総体としての生活の質であります。したがって、生活の部分部分を、生活の他の部分との関係を考えながら、総合的にとらえて発展させていくといった考えかたが必要なのです。こうした考えかたの変化のなかで初めて、大型ショッピングセンターでの買物の便利さだけを求めるのではなく、地域の商店街を見直していくといった変化が可能になってくるのだといえます。そして、そのことによって、買物や福祉と子育ての環境づくりが結びついてくるわけです。

昼間は店を閉じているカラオケ店やスナックに変わった。

こうして昼間は人通りの少ない商店街になる。

8 立体化する駐車場

わが国の既成市街地はきわめて過密です。密集住宅地では、敷地規模は小さく、空地のほとんどない住宅が連続しています。その間を細い路地が走っています。こうした地域の住民にも、モータリゼーションの波は容赦なく押し寄せています。そこでは、駐車場の確保が深刻な問題になっています。

このような事情を背景にして、これらの地域では、立体駐車場があちこちに出現しています。幅員四メートルにも満たないような狭い路地に、規制ぎりぎりの立体駐車場が建設されると、その前の路地周辺は、人影も少なく昼間から薄暗い空間になるわけです。立体駐車場にもほとんど人影はみられず、過密な住宅地のなかにポッリと危険な空間が出現することになります。

図11は、こうした空間の典型的な事例です。子どもたちにとって、住宅地でのモータリゼーションの進行

〔図11〕

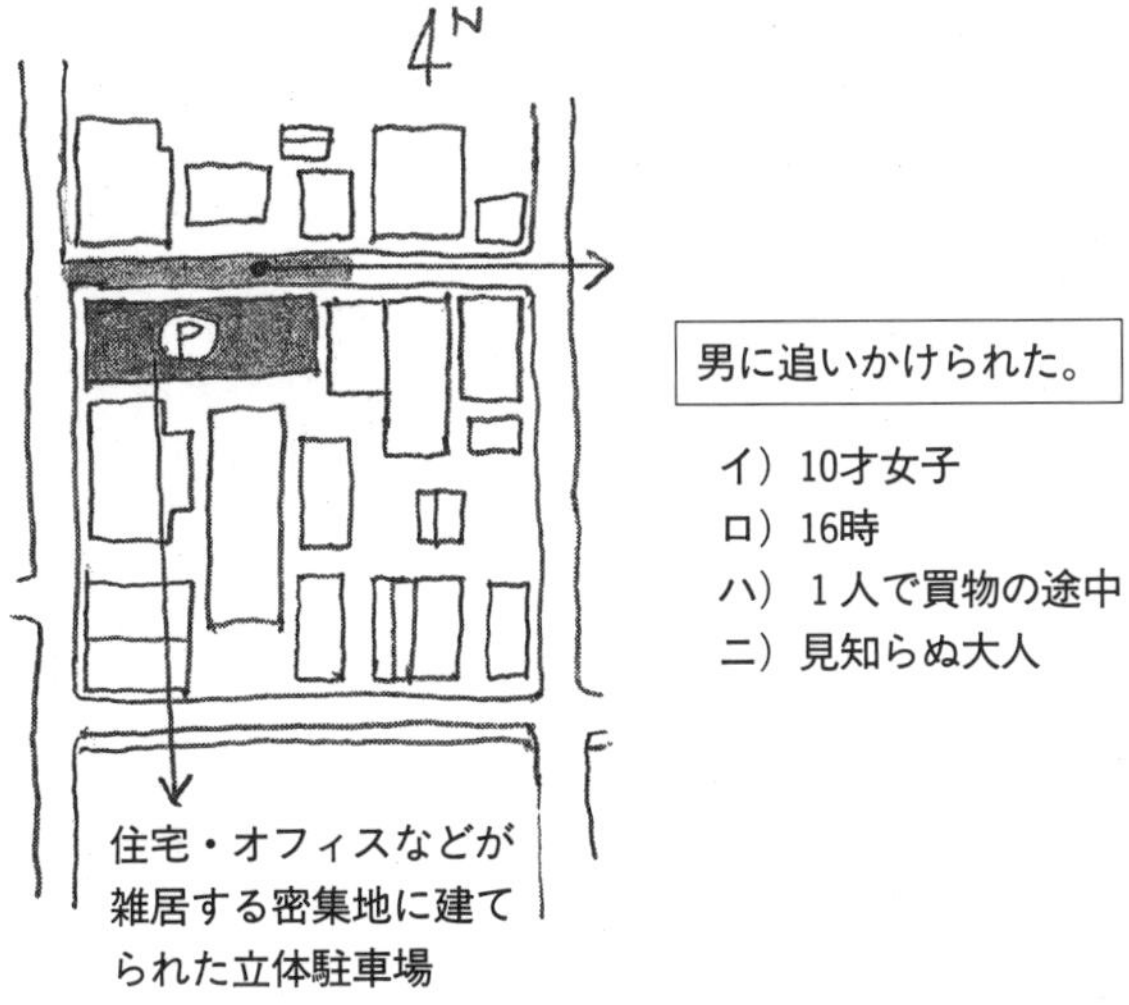
N
P
男に追いかけられた。
イ）10才女子
ロ）16時
ハ）１人で買物の途中
ニ）見知らぬ大人
住宅・オフィスなどが雑居する密集地に建てられた立体駐車場

は、交通事故の危険性だけではなく、犯罪の危険性をも誘発《ゆうはつ》しています。

モータリゼーションに対応することがきわめて困難な既存の密集住宅地では、自動車への対応を、住民個々にまかせるのではなく、地域的なまとまりのなかで検討していくことが求められています。たとえば、地域のなかで比較的幅員も広く、人通りもある道路に面して駐車場を設置し、路地へは、特別の目的をもった許可車以外の進入を禁止するなどの処置が必要です。こうした地域では、駐車場の立地すべき位置や、住民の自動車の使いかたについての工夫が必要なのです。

住宅密集地に建つ立体駐車場。狭い前面道路は暗くて危険。

9 住宅の三層化

建築基準法の改定によって、これまで二階建てだった木造建築の三階化が可能になりました。これを契機として、木造住宅の三層化が進んでいます。住宅の密集地では、一軒が三層化すると、その周辺の日照などの環境条件が悪化することから、連鎖的に周辺の三層化、四層化が進行します。

木造住宅の三層化は、土地の有効利用と住宅関連産業の振興を主目的として出された規制緩和の一つでありますが、二階建ての木造住宅群が三層化することによって、まちが、子どもたちにとって大変危険な空間になっていく場合が少なくありません。

二階建て住宅の場合は、一階部分は、居間や台所があってきわめて居住性の高い（家族が常に居るような）空間です。この場合、住宅に隣接する道路は、こうした居住性の高い空間とつながることによって見守

〔図12〕

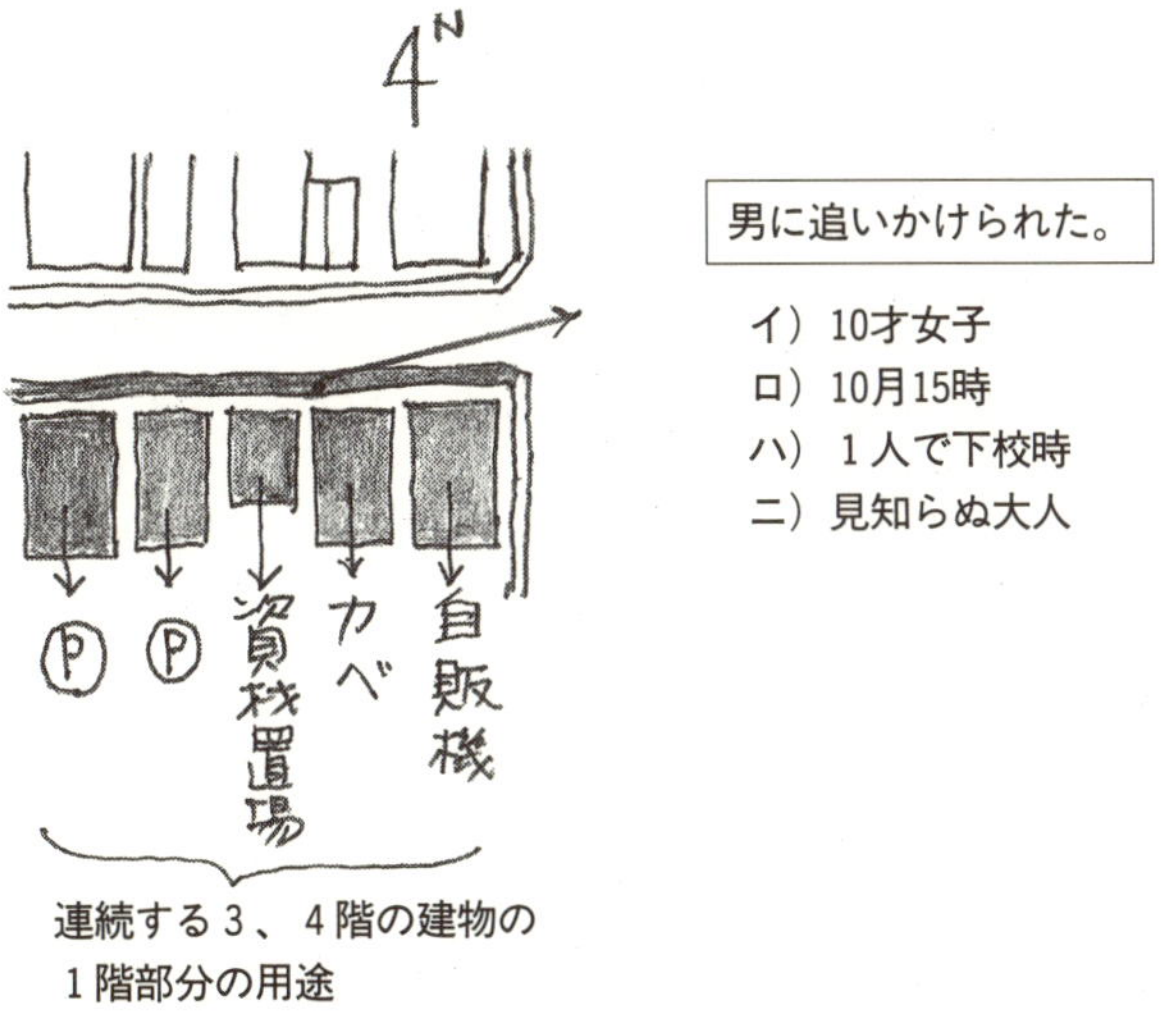

られています。住宅の三層化は、こうした住宅と道路の関係に大きな変化をもたらします。三層化にともなって、住宅の一階部分は車庫や物置などになり、二階部分に居間や台所などがつくられます。従前の住宅の一、二階が、二、三階にそのままもちあげられる場合がほとんどです。こうなると、この三層住宅に隣接する道路は、車庫や物置といった大変居住性の低い空間と接することになります。こうした三層住宅が連続することによって、道路の危険性は大きくふくらんでくるわけです。**図12**は、そうした事例の一つです。

狭い路地をはさんで印刷所などの町工場が建ち並ぶ木造住宅密集地で、住宅の三層化が進んでいくと、事態はもっと深刻です。一階部分は、騒音などの関係で窓を閉ざした作業場となり、狭い路地をはさんで、両側にこうした建物が連続すると、路地は薄暗い地下道のような様相を呈してきます。二階部分から本当のまちが広がるといった感じになってきます。**図13**は、そうした地域の一つです。

建物にとって、一階部分は、特別な意味をもっています。建物が、まちにかかわる接点であり、建物の一

〔図13〕

おしりをさわられた。

イ）９才男子
ロ）不明
ハ）２人でいて
ニ）大人（男）

細い路地をはさんで
３層化した住宅

階部分が、どのような姿になるかということに、まちは大きな影響を受けるわけです。子どもをはじめ人々の生活は、建物の内だけで完結するものではありません。まちという広がりのなかで生活は展開しています。建物は、こうしたまちの一つ一つの構成要素であり、まちという完成品の部品であるわけです。部品としての一つ一つの建物が、完成品としてのまちに、どのような役割を果すべきなのかという自覚が必要です。住宅の三層化は、こうした意味でも大きな問題をはらんでいます。現在進行する三層化は、まちづくりに果す住宅の一階部分のもつ重要性についての十分な検討が欠けています。こうした視点での改善が必要ですし、十分な改善策のないままの三層化は避けられるべきでしょう。

3、4階に建て替えられて1階の居住性の低い住宅が並ぶ。道路の反対側も同様。

路地の両側で競うように住宅の3層化がすすむ。従前の住宅がそのまま2、3階にもちあがったような様相を呈する。

10　オフィスビルと近接する集合住宅

　工業専用地域でもないかぎり、住宅の立地が規制されることはほとんどありません。既成市街地の中心部や幹線道路の沿線では、商業ビルやオフィスビルなどと集合住宅が混在している場合が少なくありません。こうした地域の集合住宅では、隣接する多用途ビルの建築形態や利用方法によっては、子どもたちに大変危険な空間が発生します。

　これらの地域では、それぞれの建物は、建設年次も所有者もバラバラであり、お互いに隣接する建物に配慮して建設したり、利用したりすることはほとんどありません。それぞれの建物は、自己の用途にのみ忠実に建設され、利用されています。建築基準法でも、こうした地域では、お互いの建物間に用途や形態の面で特別の配慮をほとんど求めてはいません。

　図14は、そうした事例地の一つです。地域の幹線道

〔図14〕

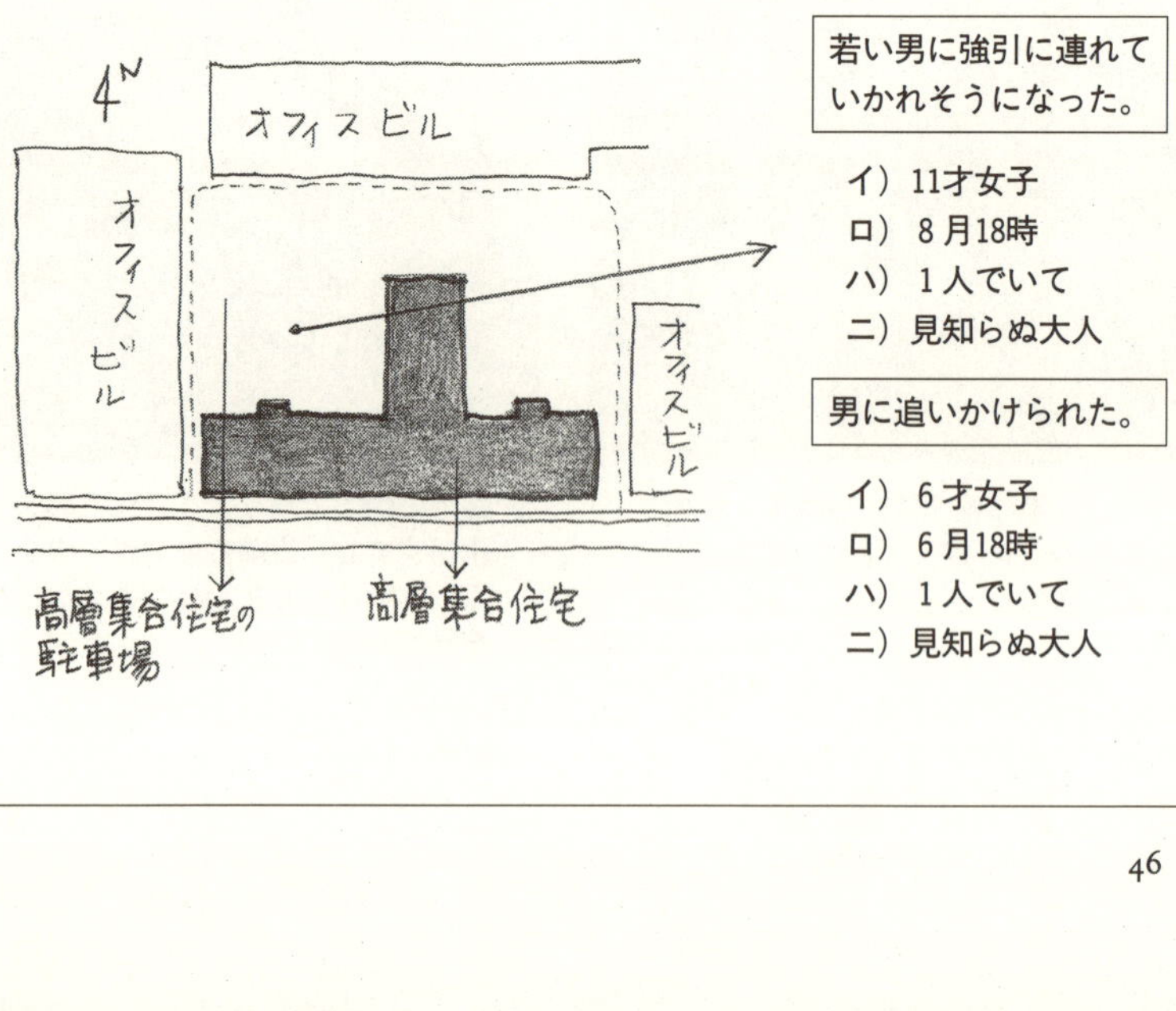

若い男に強引に連れていかれそうになった。
イ）11才女子
ロ）8月18時
ハ）1人でいて
ニ）見知らぬ大人

男に追いかけられた。
イ）6才女子
ロ）6月18時
ハ）1人でいて
ニ）見知らぬ大人

駐車場とわずかばかりの広場。ここで子どもたちが犯罪にあっている。

高層集合住宅から、この空間を見下ろす。

路に面した集合住宅は、その周辺をオフィスビルに囲まれています。この集合住宅の一階部分の駐車場や各階の通路では、子どもたちが危険な犯罪に遭遇しています。この集合住宅に隣接するのはオフィスビルですが、このビルは、内部があまり見えないように多くの窓にブラインドが下ろされ、書棚などの事務用家具によって閉ざされた窓も少なくありません。一部の開放的な窓でもほとんど人影はみられません。こうして、この集合住宅の通路や駐車場などの共有部分は、隣接する建物からは、視界のうえでは完全に孤立した存在になっています。

この事例地の他に、外部にほとんど窓のない商業ビルが隣接する場合もみられます。さまざまな用途の中・高層ビルが建設される場所では、そのような建物に混じって、集合住宅が無造作《むぞうさ》に建てられている場合が少なくありません。こうした場合には、集合住宅が周りの建物から孤立して、子どもたちに大変危険な空間が発生していることも十分に考えられます。どんな地域にでも集合住宅がポツンポツンと建てられるという状況は改善される必要があります。

高層集合住宅から見た隣接するオフィスビル。

11 地上げによる空家や空地

バブル経済は、日本の都市を大きく変えました。土地は最高の投機対象となり、市街地のあちこちの建物が地上げの対象となりました。そして、バブル経済は終焉《しゅうえん》し、地上げされた多くの土地は、空家のまま放置されたり、空地になって市街地のあちこちに散在しています。こうした空間の周辺で子どもたちが犯罪に遭遇するようになっています。

図15は、そうしたものの一例です。これらの事例にみられるように、住宅密集地では、お互いに隣接する住宅間にはほとんど空地はみられません。各住宅は隣家と、壁と壁を接しています。そこには、風通しや明り取りのための大きい開口部など無意味だし存在しないのです。こうした所で、住宅が地上げされ、そこが空地になると、その空地は周辺のすべての住宅から背を向けられ、壁で区切られた孤立した空間になります。

〔図15〕

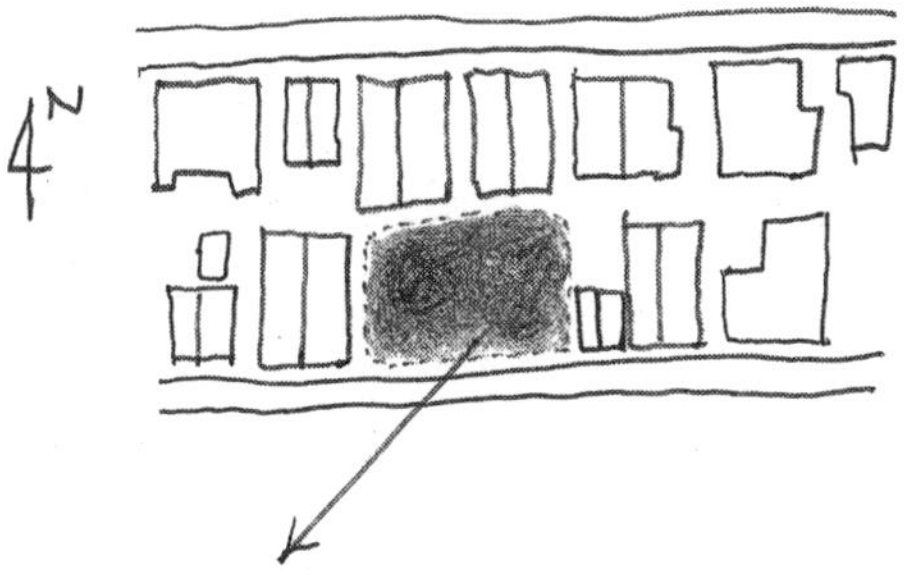

若い男に引っ張りこまれそうになった。

イ）10才女子
ロ）10月16時
ハ）１人で下校時
ニ）見知らぬ大人

住宅地の生活道路に接した地域で、こうした空間があちこちに出現すると、まちは大変危険になります。さらに、こうした空地が一時的に有料駐車場になったりすると、排気ガスと騒音対策のために周辺に安直なブロック塀が建設されたりして、一層孤立感を深めていきます。

住宅密集地では、空地は、それを種地《たねち》にして住環境の修復が期待できる貴重なものです。しかし、地上げされたまま放置されている空地は、将来の利用が未知数できわめて不安定な空間です。こうした不安定な空間に、周辺の住宅は心を開くことはできないのです。地上げされた空地に、ポケットパークなどの環境改善の方向をはっきりとあたえながら、周辺の住宅が、これを積極的に受け入れ、ポケットパークなどとのかかわりをもちながら、住宅改善をすすめていくようなまちづくりの方向が求められています。

地上げで、住宅密集地のあちこちに、こうした空地が増えた。

12 工場閉鎖

下町の工場は、騒音や振動など、居住環境の上からはいくつかの環境問題をかかえながらも、これらの問題についての一定の対策が可能ならば、子どもの育ちゆく地域環境としては、積極的な側面をも持っていました。そこは、新興住宅地のような消費を中心としたまちではなく、子どもが人間生活の基本要素である〝労働〟という価値を、日常生活のなかで五感を介して学びとっていくことができる、すばらしい空間であります。そこはまた、そこで働く人々によって、子どもたちが守られてきた空間でもあります。工場主もその地に住み、従業員の多くもその地で生活する職住近接を原則とし、それを基に成立する近隣社会（コミュニティー）によって子どもたちは守られてきました。

バブル経済とその後の崩壊によって、下町の工場群は大きい変貌を強いられてきました。こうした地域で

〔図16〕

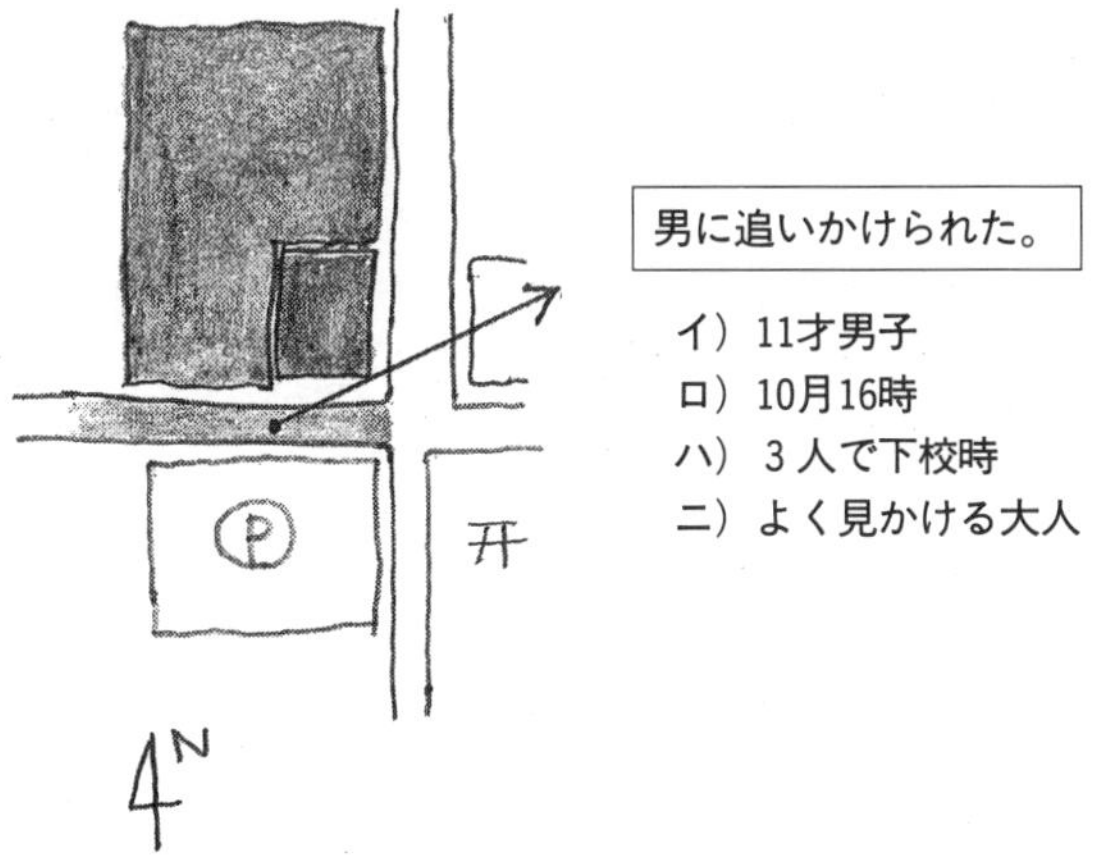

男に追いかけられた。
イ）11才男子
ロ）10月16時
ハ）３人で下校時
ニ）よく見かける大人
P
N

は、あちこちに閉鎖された工場が出現しています。工場の門が閉ざされ、労働者の活気のある声が聞こえなくなり、人影が見られなくなったというだけではありません。廃材や使われなくなった機器が工場の内外に放置されたままになっている場合が少なくありません。また、工場そのものの建物も安直なものが多く、鉄骨にスレートの壁といった工場では、壁が破損しているものも散見されます。こうした閉鎖工場では、所有者による管理が放棄され、暴走族などのたまり場になったりしています。こうして、かつて子どもたちを守り育ててきた下町の工場群は、いまや子どもにとって犯罪の危険の大きい地域へと変わってきています。

図16は、そうしたものの一つの事例です。ここでは、閉鎖された工場が、一時的に駐車場化した空地と道路をはさんで向かいあうことによって、この道路の危険度が大きくなっています。

下町の工場を、産業経済政策という視点からのみでなく、子どもの育ちゆく環境という視点からとらえ、その積極面を評価したまちづくりが期待されます。

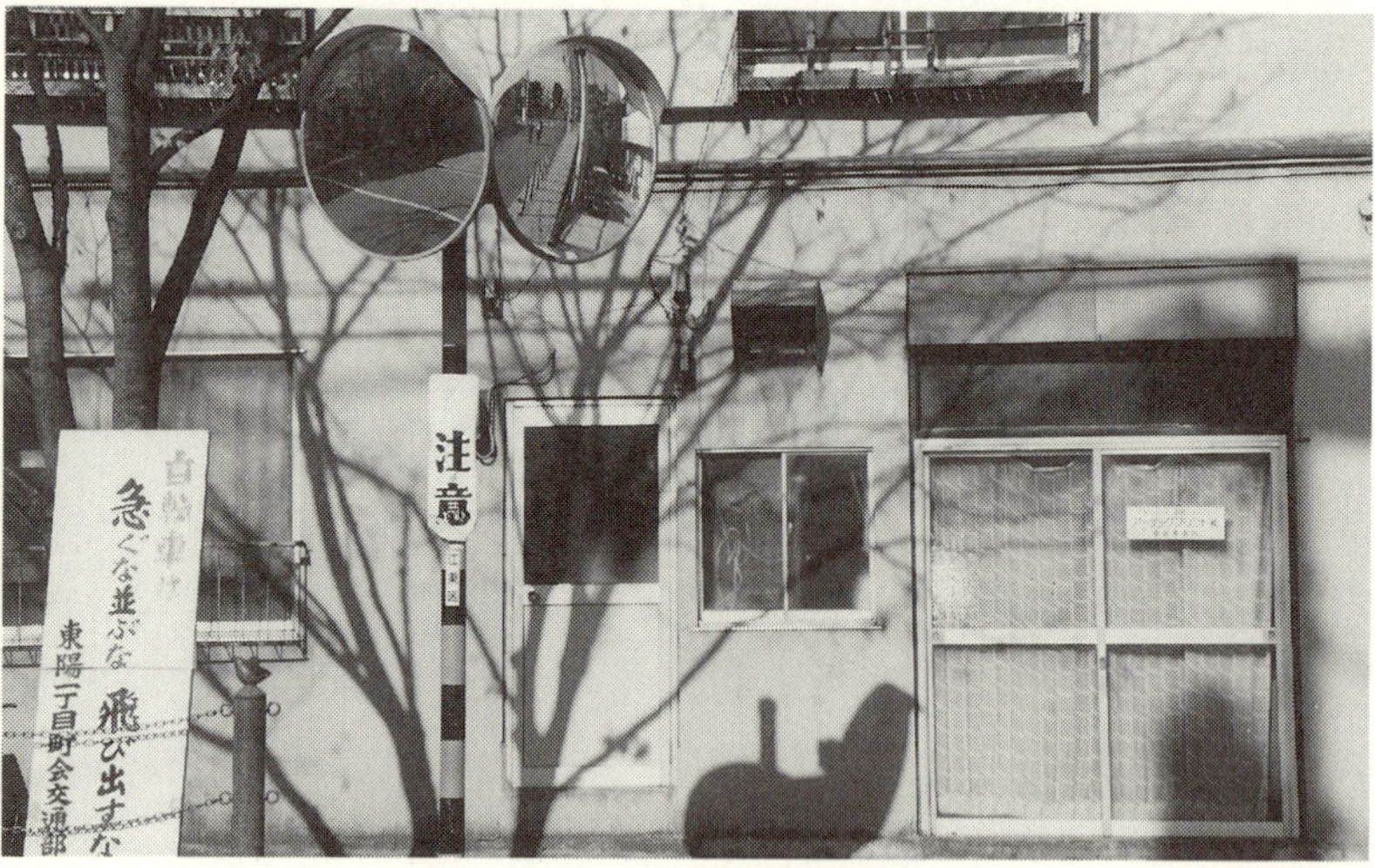

閉ざされたままの町工場の事務所。

13 住宅団地の建替え

高度経済成長をささえた大都市への新規労働者の受入れ施設として建設された住宅団地のあちこちで、建替え工事が計画され実施されています。こうした住宅団地は、居住者も多数であり、居住歴が長く、高齢化も進み、居住者間の生活条件の格差も広まっています。したがって、建替えについてもさまざまな生活問題が表出し、居住者全体の合意を取りつけることは、なかなか容易なことではありません。

いきおい計画から工事完了までには、長時間を要することになります。この場合、計画（工事）実施側は、居住者全体の合意を取りつけないままで、個々の居住者の同意や転出をうながすことが少なくありません。そうすると、団地のあちこちにポツリポツリと空家が散見されるようになります。こうなると、居住者の側にも将来への不安や環境の劣化を理由に転出者が加速

メゾネット住宅のあちこちに空家が出現する。

されていきます。このような状態がしばらく続くと、残された子どもたちにとって、この住宅団地は、大変危険な空間になっていきます。

図17は、そうした事例地の一つです。ここでは、団地自治会の〝みんなが住み続けられる○○団地を勝取ろう〟という看板がみられます。その一方では、団地のあちこちに空家がかなり存在しています。この団地内の公園では、子どもたちは多くの犯罪の危険にさらされています。この公園の周りにも人影のない空家が存在しているのです。

居住者全体の合意のないまま、個々の居住者の対応をうながすような形ですすめられる団地の建替えは、残っている居住者である子どもたちにとって、その地域は大変危険な空間に変貌するのであり、このような建替えの進め方は改善される必要があります。

すでに、こうした大規模な建替えが進行中の団地でも、劣化する環境に対して何らかの対策が講じられる必要があります。空家の散在がさけられない現実があるわけですから、建替え事業者側による日常的で専門的な団地内の環境監視や、公園などの子どもがよく集

〔図17〕

胸をさわられた。
イ）12才女子
ロ）２月16時
ハ）１人で下校時
ニ）たまに見かける大人（男）
声をかけられ狙われた。
イ）10才女子
ロ）12月19時
ハ）１人で習い事の帰り
ニ）見知らぬ大人（男）
男に性器を見せられ追いかけられた。
イ）12才女子
ロ）12月16時
ハ）３人で遊んでいて
ニ）よく見かける大人
男がだきついてきた。
イ）７才女子
ロ）１月17時
ハ）２人で遊んでいて
ニ）見知らぬ高校生

建て替えがすすむ団地内の広場

まる場所での指導員（ガードマンのような形態でなく、子どもの遊びを遠くから見守りながら犯罪の防止につとめるような性格の）の配置が必要になります。

団地内に残っている居住者側にも、子どもたちが犯罪にさらされる危険性の増大という、環境の変化に対応した新しい対策が必要です。子どもを犯罪から守るための居住者自身による地域活動の強化のために、会員の減少した町会（自治会）の班組織の再編成などが検討される必要があります。会員の減少がこうした居住者組織の活動の弱体化に連動するのでは、子どもたちはますます危険な状況にさらされるわけです。居住者自身が、こうした点を自覚し、子どもを犯罪から守る活動を一段と強化する必要があります。

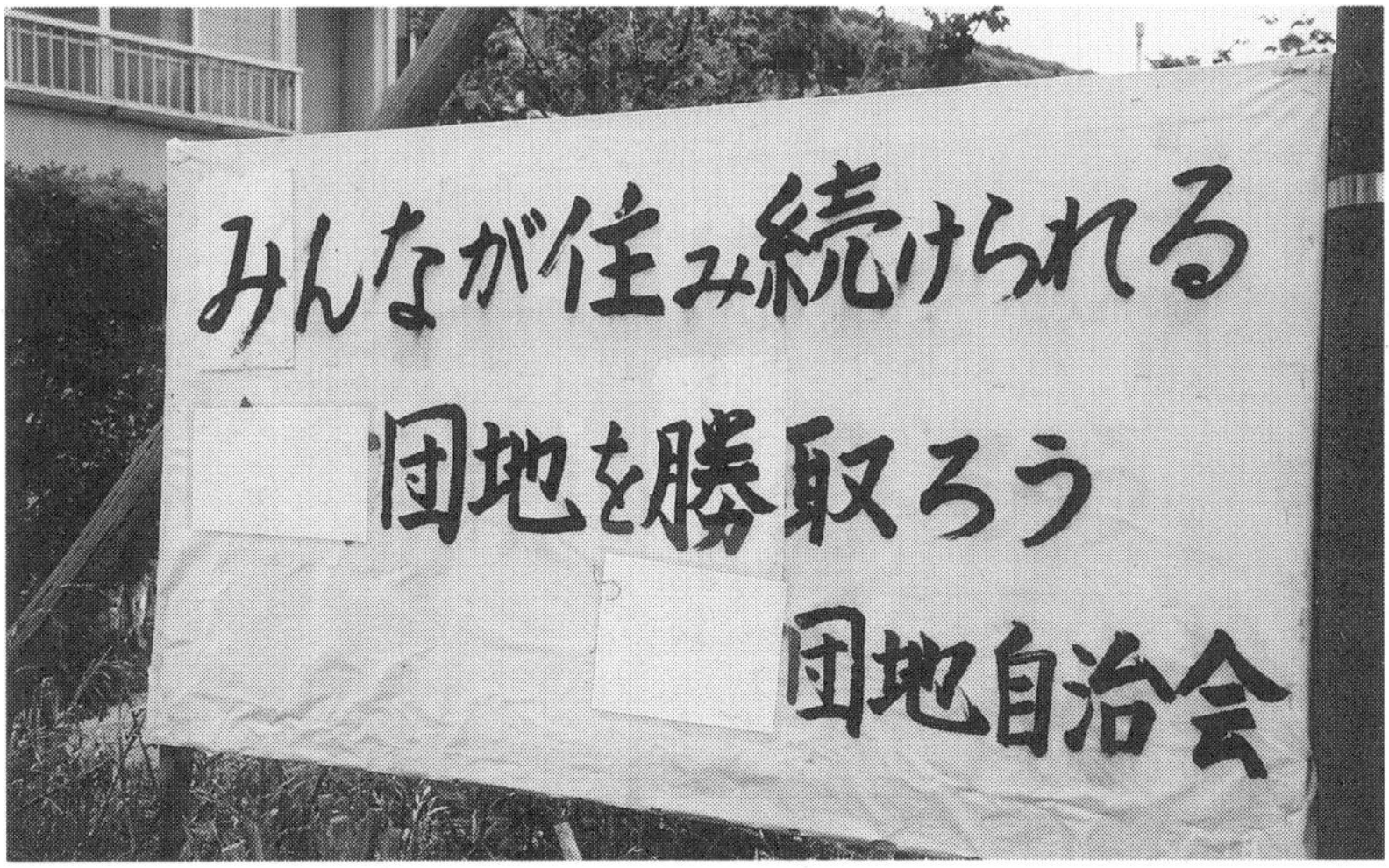

団地に住み続けることを希望する人たちもいる。

14 市街地の再開発

市街地内に点在する工場跡地や過密住宅地などの再開発の場合も、事業のスタートから完成までには、相当長い年月を要するようになってきています。たとえば、市街地内の工場が操業を停止してもすぐに新しい買手がつくとは限らず、長年月にわたってそのまま放置されるケースが少なくありません。新しい事業者が現れ、工場の建物が撤去されても、すぐに新しい建物が建つというわけでもありません。この間に何年もの年月が費やされ、その後にやっと新しい商業施設や集合住宅が建設されるわけです。

この間、敷地内への部外者の無断侵入による火災や盗難の発生を防止するために、高くて強固な、内部の見えないフェンスで周辺は囲まれています。こうして閉鎖された空間が、大きな工場跡地であったり、広い面積をもつ過密住宅地であったりする場合には、地域

〔図18〕

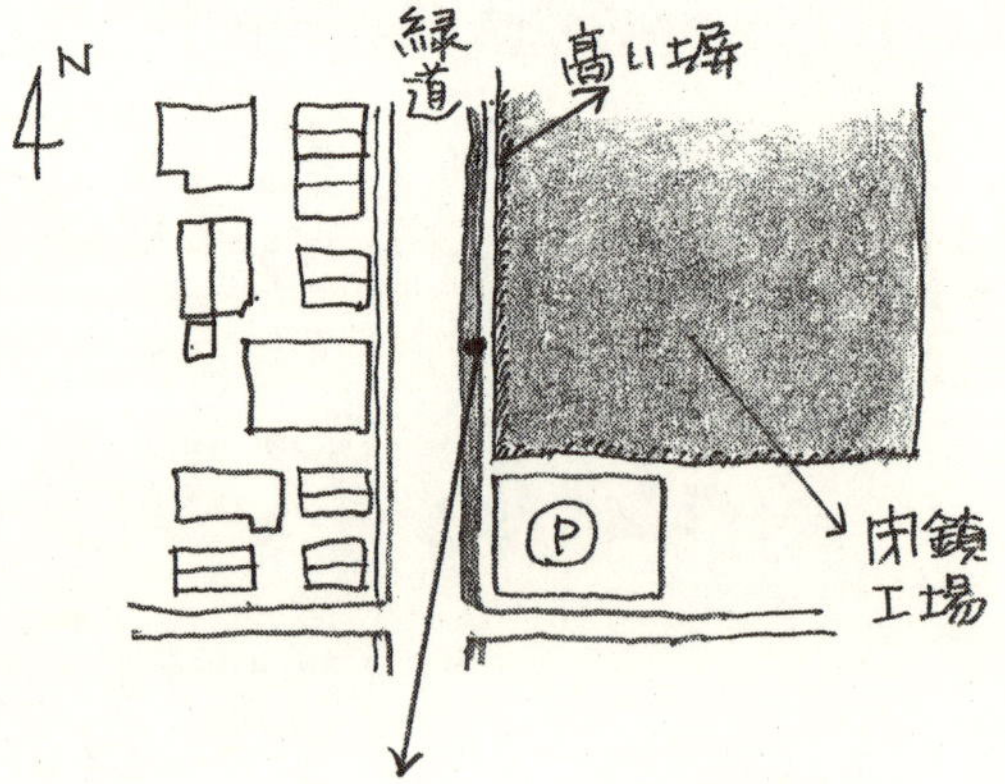

ずっとあとをつけられた。

イ）11才女子
ロ）９月17時
ハ）1人で塾の帰り
ニ）見知らぬ大人（男）

のなかに大変危険な空間が出現することになります。

市街地における地上げと、その後のバブル経済の崩壊、さらには長びく構造不況という社会状況のなかで、市街地の再開発事業の長期化は、ますます拍車がかかっています。

図18は、そうした空間の一つです。市街地にある大きな工場が撤退し、その跡地に大規模店舗の建設が予定されていますが、工事は遅々として進んでいません。周囲は二メートルを越える不透明のパネルによって囲まれています。

事業の長期化がさけられない状況では、こうした危険空間の出現を、短期的で一時的な現象としてとらえないことが必要です。場合によっては十年以上も、こうした空間の存続が予想されるわけですから、この間の管理と利用の検討が必要になります。敷地内のオープンスペースを中心に、一時的な地域住民の利用が検討されるべきでしょう。高くて内部の見えないフェンスを大規模に張りめぐらすのには改善が必要です。ガードマンなどによる人的管理をも併用しつつ、地域住民の合意の得られる形態のフェンスに変えることが大

敷地はフェンスで囲まれたが、工事はなかなか着工されない。

内部は高くて強固なフェンスで囲まれる。

切です。

　さらには、今後の都市建設の基本にかかわる問題として、建物の用途が変更されるたびに、古い建物を撤去し、新しい建物を建設するというスクラップ・アンド・ビルドの方法の再検討が必要になります。（こうして吐きだされた建築廃材は、全産業廃棄物の過半を占めて、大きい環境問題にもなっているわけです。）建物の用途変更が発生しても、建物本体の再活用をしながら、内部改造によって快適な新しい空間を生みだしていくヨーロッパの都市建設の方法を参考にすることも必要です。外観は工場ですが、内部はショッピングセンターなどというものがあってもいいわけです。バブル経済の崩壊は、そうした都市づくりを可能にしていく側面ももっています。そうした環境にやさしいまちづくりが地域の子どもたちをも守り育てていくことになります。

敷地内に立ち入らせないために、高さ3メートル以上のブロック塀が続く。

iii 「駅周辺」の危険空間

15 駅周辺のビル街

駅周辺は、地域のなかで一番人々が集まる所です。ここは、つねに人々の目が注がれていて犯罪の発生しにくい場所のように思われがちですが、実際にはそうではありません。駅周辺は犯罪の多発地帯でもあります。そこは、犯罪者にとって、犯行直後に群集のなかにまぎれこむことができる場所でもあるからです。

こうした駅周辺は、子どもたちにとっても、危険な空間の一つです。とくに、オフィスビルや商業ビルが林立するような大きい駅の周辺では、夜間に、子どもたちは犯罪の危険に遭遇しています。駅周辺では、昼間は子どもたちだけで生活する姿を、それほど見かけることはありませんが、夕方から夜にかけて、塾通いをする子どもの姿が多く見られます。それらの子どもたちが犯罪の危険にさらされているのです。周辺のビル群は、夜になるとシャッターを下ろしています。人

〔図19〕

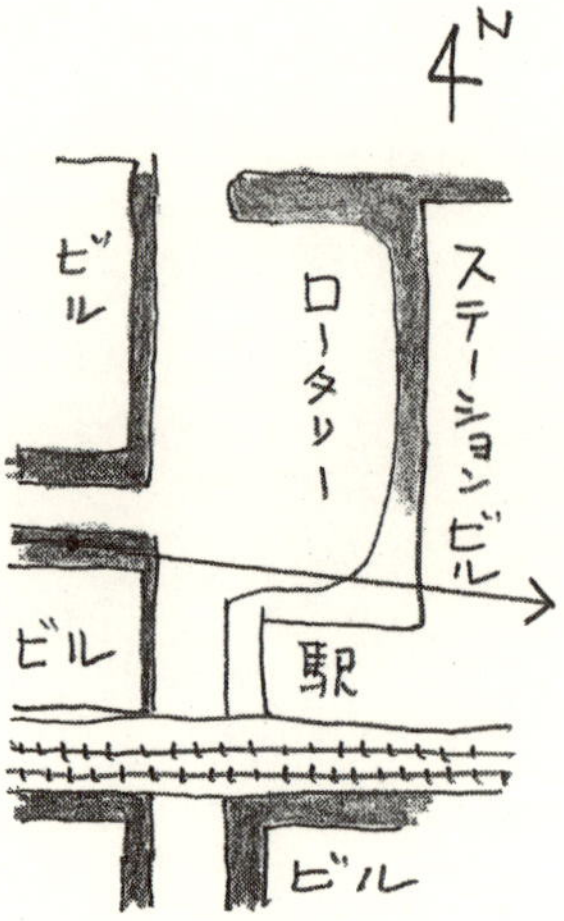

酔っぱらいに
さわられそうになった。

イ）11才女子
ロ）9月21時
ハ）2人で塾の帰り
ニ）見たことない大人（男）

影も急激に少なくなります。時には、街路に散乱する放置自転車が人々の視線をさえぎっています。こうして、昼間は人通りが絶えなかった空間が、子どもにも大人にも犯罪の危険を感じさせる空間に一変するのです。

駅周辺のさらに後方は、歓楽街に隣接している場合も少なくありません。歓楽街を後背地に持つ駅周辺のオフィス街は、犯罪の危険を一層深めています。**図19**は、こうした駅周辺の事例地の一つです。

駅周辺のビル群は、夜間には大変危険な空間に豹《ひょう》変《へん》するということを前提に、それへの対策が求められています。ビルの一階部分を無造作に考えないで、できるだけ明るく設計することが必要です。夜間の歩行者を犯罪から守るために、特定の街路は一階部分に夜間営業の商店を集めるなどの対策も検討されるべきです。駅周辺のオフィスビル化は、夜間の無人空間が増大することによって、大きな危険空間を発生させ、その被害は、とりわけ子どもたちに大きくおよんでいます。

駅周辺のビル街。夜は危険空間になる。

16 駅のプラットホーム

子どもにとって、駅のプラットホームは、犯罪の多発空間です。夕方から夜間にかけて塾通いをする子どもたちの姿が多く見られます。この子どもたちにとって、夜の塾帰りの駅のプラットホームは、風俗犯を中心とした犯罪の危険度の大変高い空間なのです。

図20は、そうした事例の一つです。身体のあちこちを触られたり、時にはナンパされそうになったりしています。塾帰りの時間帯である夜の九時前後の駅のプラットホームの危険な様子が十分にうかがわれます。

このような空間で、子どもを犯罪からどうやって守るべきかという妙案はなかなかありません。ここでは、空間よりも、子どもの生活のしかたを問題にする必要があります。

わが国では、小学校高学年になると、学習塾に通うのが当然のような風潮がありますが、学習塾などは先

〔図20〕

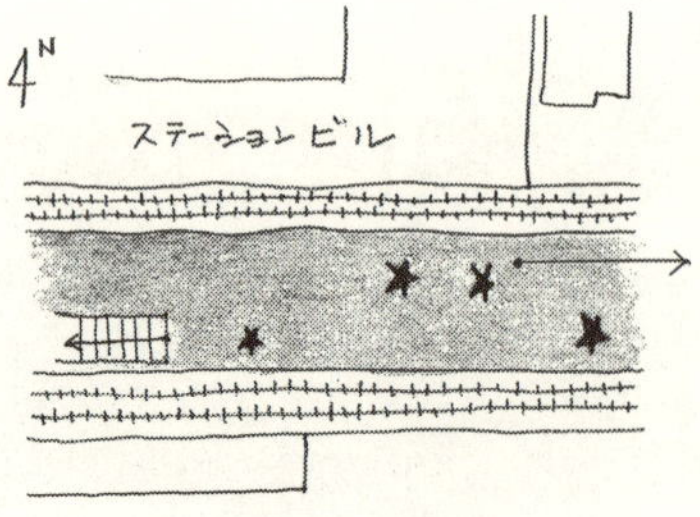

危険がいっぱいの
夜のプラットホーム
★印は犯罪発生場所

28才位の男にいやらしいことをされた。

イ）11才女子
ロ）10月20時
ハ）1人で塾へ行く途中
ニ）見知らぬ大人

おしりをさわられた。

イ）11才女子
ロ）10月22時
ハ）2人で塾の帰り
ニ）見知らぬ大人（男）

おしりをさわられた。

イ）10才女子
ロ）8月20時
ハ）3人で塾へ行く途中
ニ）不明

ナンパされた。

イ）10才女子
ロ）7月21時
ハ）1人で塾へ行く途中
ニ）見知らぬ大人（男）

進国といわれる国々には存在しません。先進国では、学校の教室が一クラスが二十人前後で編成されていますす。勉強は学校を中心にして、家庭で補足するというのが基本です。放課後は、地域で友達とスポーツや遊びなどの自分のやりたいことをして生活しています。ここでは、子どもに〝学習する権利〟と〝遊ぶ権利〟の両方を保障していこうという基本姿勢が貫かれています。

わが国の場合には、こうした教育の基本姿勢が確立されていません。学校は一クラス四十人が基本です。授業を理解できない子が、小学校の高学年でクラスの半数近く、中学生になると過半を占めてきます。(一九九八年度文部省調査)。その一方で、高校の偏差値による格差づけは極端なまでに進行し、より高い偏差値をめざして高校受験は過熱しています。学校教育の現実と過熱する受験競争の落差を埋めるものとして、先進国には例をみない学習塾が隆盛をきわめています。学習塾が盛んなのは発展途上国の中産階級の子どもたちの場合だといわれています。一握りのエリートにならないと生活の安定が保障されない国では、子どもた

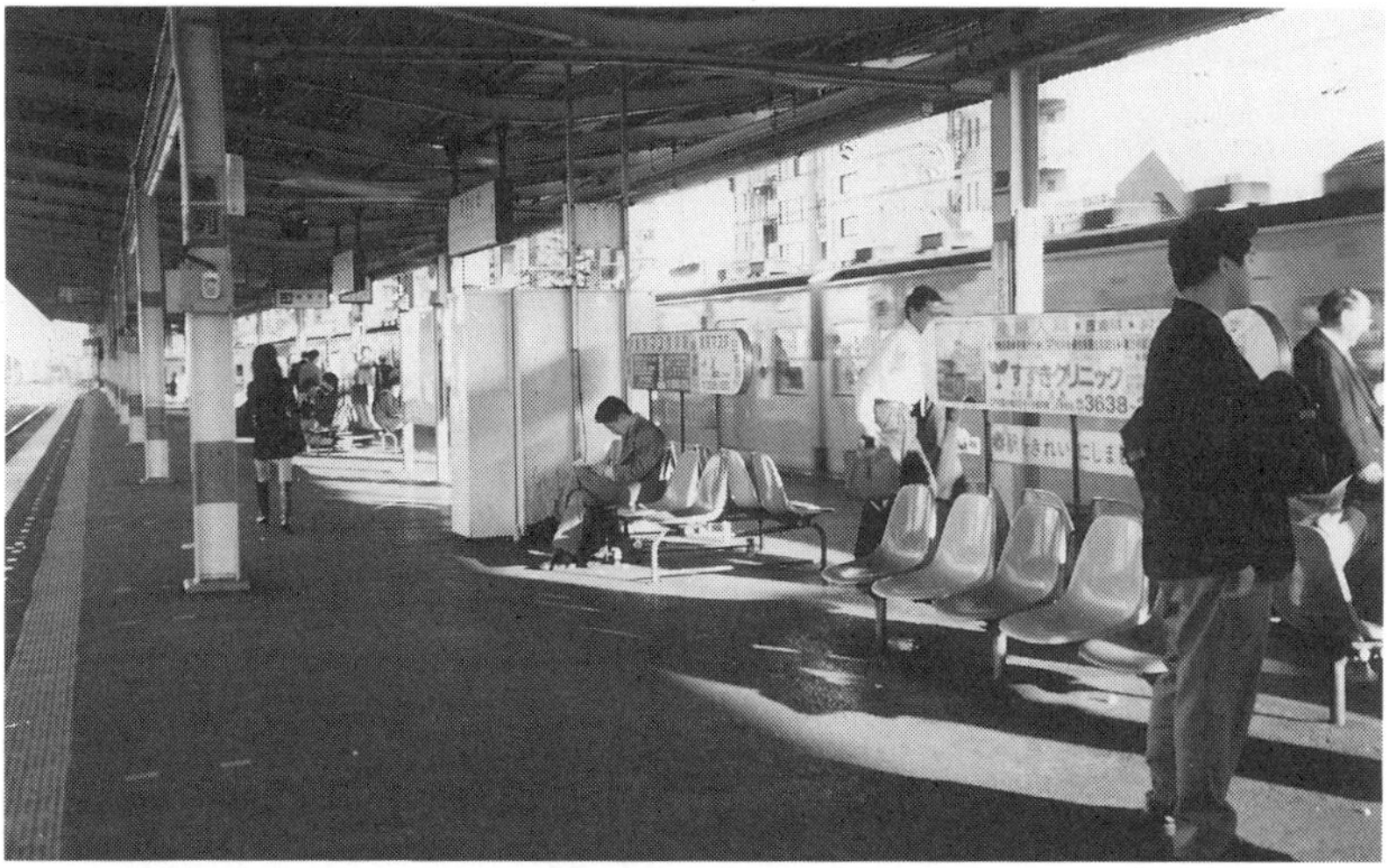

駅のプラットホームも夜は塾帰りの子どもたちには危険がいっぱい。

ちは苛酷《かこく》な受験競争に駆りたてられるのです。しかし、生活の基本を社会的に保障しながら、もっと多様な生きかたを容認している先進国では、子どもたちが勉強だけに駆りたてられることはないのです。

子どもたちを、学習塾から解放してやることは緊急の課題です。そのためには、学校教育の環境を大幅に改善することが必要です。一クラス二十人前後のクラス編成を保障しなくてはなりません。理解できる授業のためには教科内容の再検討が必要ですし、教師の資質を向上させる研修のための時間や場所の確保も必要です。そうすることによって、子どもたちを放課後は地域にかえしてやりたいものです。塾通いのために夜の駅のプラットホームや駅周辺で犯罪にあう子どもを、こうした方向でなくしていくべきでしょう。

夜、通勤ラッシュのなかを塾に通う子どもたち。

17 地下鉄駅の周辺

地下鉄駅の周辺やプラットホームも、前項で検討した地上駅と同じような問題をかかえています。大都市では、公共交通網の整備は地下鉄を中心に進められています。主として土地買収費のかからない幹線道路や用水路に沿って地下鉄が建設されています。そして、一キロメートル前後の間隔で駅が建設されます。こうして、地下鉄の駅は、周りの土地利用に関係なく住宅地域のあちこちにも建設されることになります。

地下鉄駅ができると周辺の土地利用を変化させます。住居系から商業系により多く変化したり、建物の高層化も促進されます。こうした土地利用の変化によっては駅周辺の危険が増大します。

図21は、そうした事例の一つです。ここでは、住宅がパチンコ店になり、その隣が駐輪場になっています。これらは、地下鉄駅の出現による土地利用の変化であ

地下鉄駅周辺は夜になると危険。

地下鉄駅の隣りは駐輪場。その隣りは１階がパチンコ店、２階が居酒屋。

り、そのことによって犯罪の危険が増したわけです。こうした事例は地下鉄駅のあちこちにみられます。住宅地に駅を建設する時は、こうした土地利用の変化を前提にして、駅の出入口周辺の建物については、用途や構造の面からの防犯上の配慮が必要です。

　地下鉄駅にくらべてバスの停留所は安全です。これは地下鉄とバスの性格の違いからくるものです。地下鉄にくらべてバスの駅勢圏《えきせいけん》は三分の一ほどです。地下鉄駅は駅勢圏も広く、不特定で知らない人々が多く集

〔図21〕

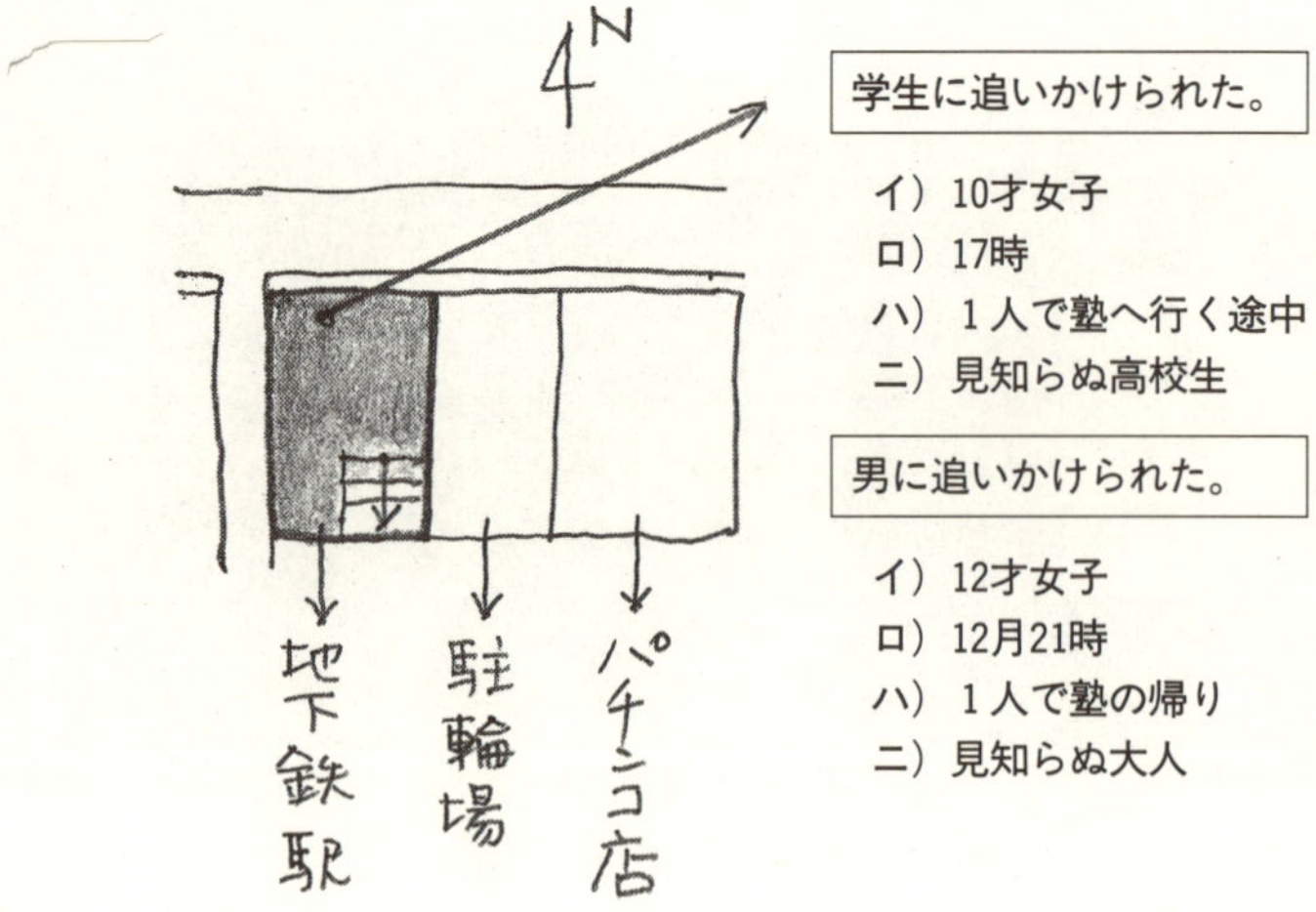
N
学生に追いかけられた。
イ）10才女子
ロ）17時
ハ）１人で塾へ行く途中
ニ）見知らぬ高校生
男に追いかけられた。
イ）12才女子
ロ）12月21時
ハ）１人で塾の帰り
ニ）見知らぬ大人
地下鉄駅
駐輪場
パチンコ店

まってくるのにくらべて、バス停は比較的近所の人々が集まってくる所なのです。バス停は近隣のコミュニティーの場になったりして、地域の子どもたちを守っている場合もあります。バス停をもっと美しく楽しい空間にしていくことは、地域の防犯上からも意味のあることです。

地下鉄とバスは、このように性格を異にしています。バス路線を撤去して地下鉄網の建設を推進することは、両者の性格の違いについて十分な配慮があるとはいえません。バス停は、そこに集まる地域の人々（地域に住み、または働いている人々）によって子どもたちを守っていくこともできる空間であり、地下鉄駅は、利用者も広域化して多くなり、周辺の土地利用も変化させることによって、子どもにとっては危険な空間となる場合が少なくないのです。これからの都市交通網の整備にあたっては、こうした視点からの検討も必要です。

バス停は安全。このバス停の前にはポケットパークがあるが、そこでは犯罪は発生していない。

18　商店街周辺の路地

商店街に犯罪の危険要素が増大していることについては既述しましたが、商店街周辺の路地も大変危険です。この路地空間では、〝かつあげ〟など金品にからむ犯罪が多く発生しています。子どもが金品をもっているということを前提にした犯罪が多いわけです。こうした路地のなかでも、商店街に直結する路地は特別に危険です。商店街にいる子どもを簡単に引きずりこむことができるからです。

図22は、そうした路地の典型例です。ここでは、被害者は小学生ですが、加害者に中・高校生が多いのが注目されます。中・高校生に小学生が金品などを脅しとられているわけです。

商店街周辺の路地すべてが危険なわけではありません。商店街に直結する路地でも犯罪の発生がみられないものもあります。こうした路地の危険と安全を区分

〔図22〕

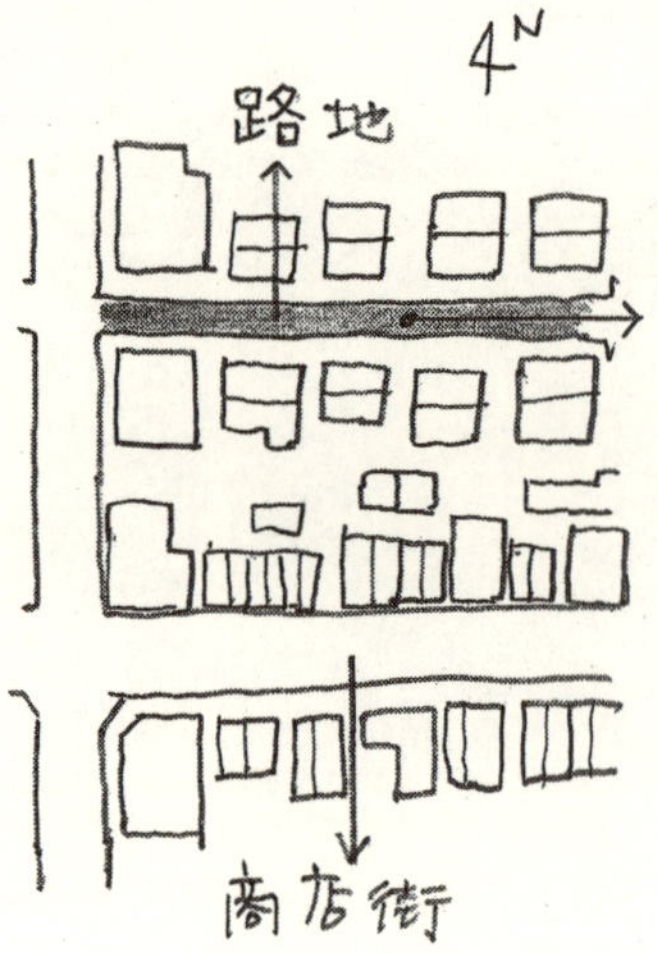

中学生になぐられた。

イ）9才男子
ロ）6月11時
ハ）3人で遊んでいて
ニ）たまに見かける中学生

男にハレルヤ（商店）にさそわれた。

イ）11才男子
ロ）1月18時
ハ）遊んでいて
ニ）見知らぬ大人

けする重要な要素として、路地に接する両側の建物の利用や管理の状況をあげることができます。両側の建物が路地に対して開放的であり、鉢物などが出され、それに水をやりながら談笑する住人の姿をみかけられるような〝生活臭〟の感じられる路地では犯罪は発生していません。これに対して、両側の建物が路地に対して閉鎖的な所では、前述のような犯罪が多発しています。

区画整理事業などできれいに整理された地域の商店街周辺にはこうした危険な路地空間が多くみられます。また、バブル経済とその破綻《はたん》は、商店街周辺の路地に特別の危険を加えています。商店街の後背地が地上げされ、路地の両側の建物が廃屋になったり、資材置場になったり、一時的に駐車場になったりしている例がめずらしくありません。こうなるとその路地はきわめて危険な空間になります。

みちとその両側の建物は、お互いに大きい影響をおよぼしあいながら存在しています。みちは、その性格によって、両側の建物を結びつける役割を果すこともできるし、隔離する役割も果すわけです。どのような

商店街に交差する路地。ここで子どもが金品を脅しとられている。

商店街の一本裏側のみち。整然とした住宅街だが、ここに子どもが連れこまれて犯罪にあっている。

性格のみちをつくるのかということは、建物との関係でもっと慎重に検討される必要があります。商店街周辺の路地は両側の建物を結びつけ、〝生活臭〟の感じられる安全な空間にしていく工夫が望まれます。そのことが、結果として、地域を安全にしていく途だといえましょう。こうした視点から、バブル期に地上げされたまま粗放的に利用されている土地の再活用が、それぞれの土地に合せて細かく検討されるべきです。活力があり安全な地域再生のための種地《たねち》としての活用が望まれます。

路地の両側は商品置場になったり、地上げされて空地になったり。ここで遊んでいた9歳の女の子が連れていかれそうになっている。

19 商店街に近接する公園

商店街に近接する公園は、公園のなかでも特別の性格をもっています。犯罪の危険は、他地域の公園にくらべて高いものがあります。こうした公園にはいろいろな人々が集まってきて、子どもたちにも安全な公園にはなっていません。とくに、近隣公園などの規模の大きい公園になると相当危険な公園になっています。

図23は、そうした公園の一つです。この公園では昼間からお酒を呑んでいる人もいます。公園の一隅では物品販売をしている人もいます。公園のあちこちにはゴミも散乱しています。とにかく、利用者も多種多様で人数も多いのが特徴です。人数は多くても、これらの人々の間にかかわりはなくバラバラです。遊具や植栽も豊富ですが、これらの配置によって公園の所々に、人のあまり寄りつかない空間がみられます。

商店街に近接して、規模も大きく、利用者も多く多

昼間から公園で酒を飲む人たち。公園内に子どもたちが近寄らない空間ができる。

様な公園を、危険の少ない安全な公園にしていくことは、なかなか大変なことです。こうした場所に大きい公園を建設すべきかどうかということも検討される必要があります。既設の公園の安全性を高めていく第一のポイントは、日常的に公園を利用する人々（主として圏域《けんいき》に生活する人々）の公園への自主的で主体的なかかわりを高めていくことにあります。これらの人々の要望に従って、公園の施設や利用・管理の方法を改善していくことです。

この場合、特別の重みをもっているのが商店街の人々です。この公園がどのような公園になっていくのかということは、商店街のイメージにも大きく影響してきます。また、この公園の特徴は、商店街の存在によって発生しているのです。商店街の人々が、この公園の利用や管理に大きくかかわって、公園の存在をプラスにする方向に取り組んでいくと同時に、その安全性についても責任を果たすことのできるようにする工夫が大切です。商店街の人々による日常的なバザールの開催をはじめ、商店街に近接する公園としての特徴をもつことが必要です。公園は、どんな地域でも同じ

〔図23〕

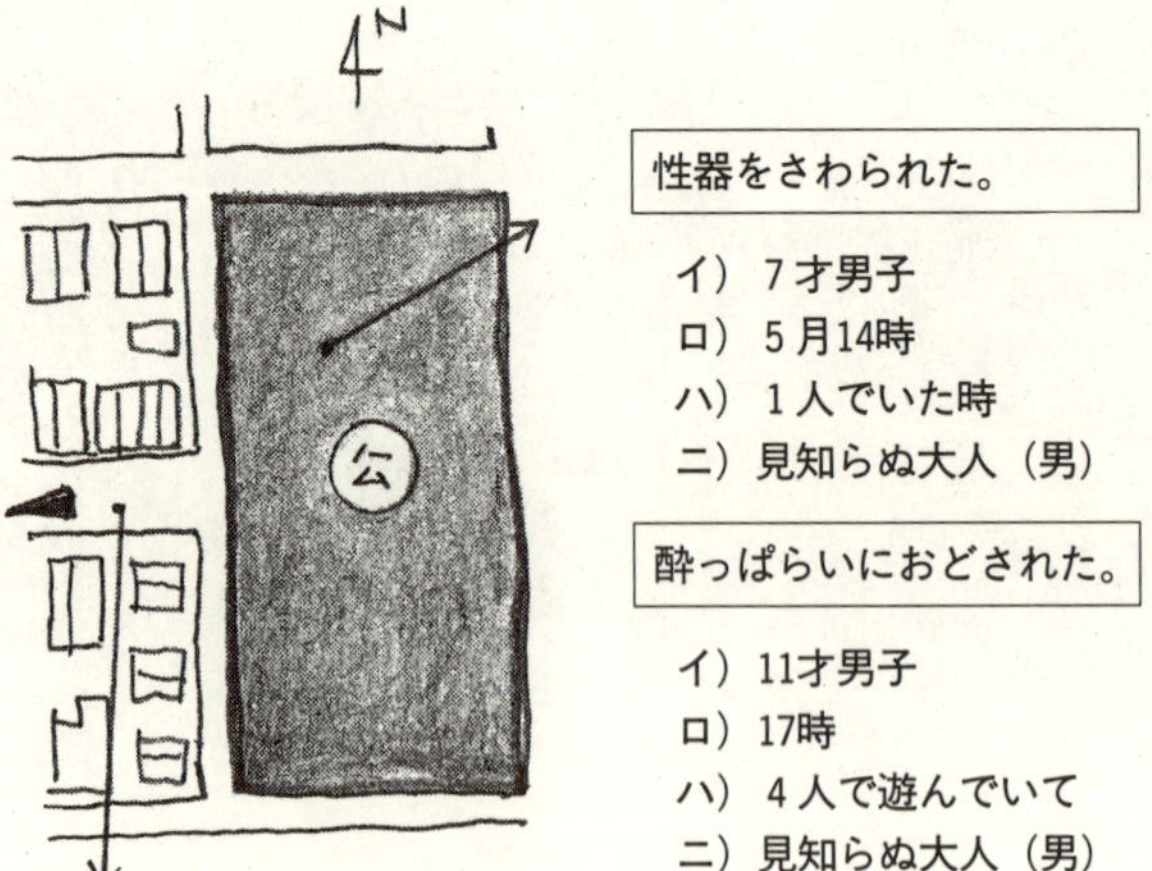

4ᶻ
公
商店街
性器をさわられた。
イ）7才男子
ロ）5月14時
ハ）1人でいた時
ニ）見知らぬ大人（男）
酔っぱらいにおどされた。
イ）11才男子
ロ）17時
ハ）4人で遊んでいて
ニ）見知らぬ大人（男）

顔をもっている必要はありません。それが立地する地域の特徴を十分に反映した活用法があっていいわけです。商店街にある公園は、それにふさわしい個性ある顔をもつことが必要なのです。それは、その公園が地域のなかで生きている証拠なのですから。

しかし、こうした公園は、それにかかわる住民の力だけでは、十分に安全性を確保することはむずかしい面があります。役所の側の、住民の活動をバックアップする形での公園管理の充実が必要です。公共施設全般にみられる、建設には力が注がれるが、その後の管理運営が不十分という弱点が改善される必要があります。ボランティアの参画も検討しながら、公園管理の公的支援の充実策が強く求められています。

同じ公園でも、バザールの会場では、子どもたちの姿も多く、犯罪はおこりにくい。

iv 「集合住宅団地」の危険空間

20　集合住宅の北側の公園

集合住宅の北側（集合住宅の裏側とでもいうべき側。各戸の居間がふつう南側にあり、北側は通路になっている場合が多い）にある公園や広場は、子どもが犯罪にあう危険性が最も高い空間です。こうした位置にある公園や広場では、必ずといっていいほど子どもへの犯罪行為が発生しています。集合住宅の南側（各戸の居間に面する側）に位置する公園や広場では、子どもへの犯罪がきわめて発生しづらいのとは対照的です。

このことは、現場に立ってみれば一目瞭然に理解できることです。集合住宅の北側の公園や広場からみる住棟は、まるで巨大なコンクリートのパネルのようです。そこに住む人たちの視線を感じることはほとんどありません。南側の公園や広場が各戸の居間からの視線を意識せずにはいられないのとは対照的です。

集合住宅では、必ずといってよいほど住棟の北側に

無邪気に遊ぶ子どもたち。でも集合住宅の北側の公園は危険がいっぱいなのだ。

小さな公園や広場が設けられています。住棟の南側にはほとんど例外的にしか見かけることができません。住棟の北側には、日照の関係で建物が建てられない空間が発生します。こうした空間に駐車場や駐輪場といっしょに公園や広場が設けられているわけです。そこが公園や広場として適地であるからではなく、建物が建てられないから公園や広場にされています。こうして集合住宅の数だけ、子どもにとって犯罪の危険空間が増えていっています。

図24は、そうした公園の一つです。公園からは住棟の通路しか見ることができません。北側が通路ではない住棟でも、各戸の北側の昼間の居住性は低く、住戸の構造も開放的ではありません。

公園や広場は住棟の付け足しではありません。それを北側に設けることは防犯の面から大きな問題をふくんでいることを検討する必要があります。今後の都市では、犯罪からの安全の確保ということが大きなテーマになってきます。集合住宅の価値を決めるのに〝安全性の高い集合住宅〟という要素が大きな部分を占めると考えるべきです。その時に、南側に公園や広場を

〔図24〕

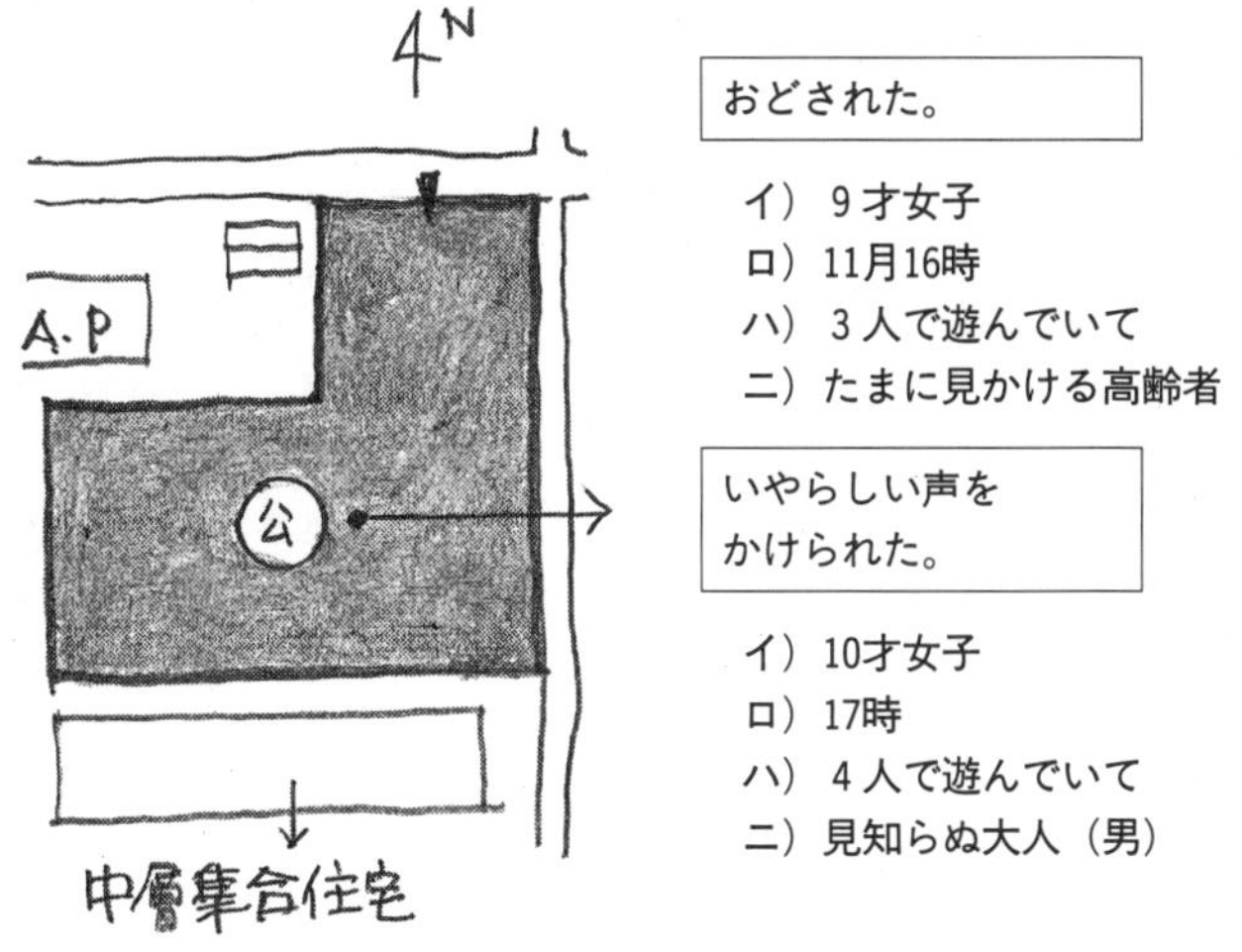
4N
A.P
公
中層集合住宅
おどされた。
イ） 9才女子
ロ）11月16時
ハ） 3人で遊んでいて
ニ）たまに見かける高齢者
いやらしい声をかけられた。
イ）10才女子
ロ）17時
ハ） 4人で遊んでいて
ニ）見知らぬ大人（男）

もつ集合住宅の価値が見直されてくるし、それだけの投資は返ってくると思われます。

しかし、すでに北側に公園や広場が付設された集合住宅に居住する人々もたくさんいます。こうした住宅では、次善の改良策が求められています。オープンスペース全体の利用計画を検討し、住民の動線ができるだけそのスペースと交わるような工夫が必要です。たとえば、公園や広場に隣接して集会所のような多目的な機能をもった建物をつくり、地域住民が日常的に集まり、公園で遊ぶ子どもたちを視野においておけるような工夫が求められます。

公園の側からは、集合住宅に人影を見ることはできない。

この公園には南面するアパートもあるが、ベランダが深くて人の気配を感じることができない。

21　集合住宅の妻側の公園

集合住宅の妻側に設置された公園や広場も子どもにとっては危険な空間です。居住者の視線が注がれないという点では、前項の北側の公園や広場と同じです。住棟の北側に公園が設置されるのは、住棟の数が一～二棟といった小規模な団地がほとんどです。なぜなら、住棟の数が多くなると公園の北側にも南側にも住棟が建設され、居間から公園を視野に入れることのできる住棟も必ず存在することになります。

ところが、住棟の妻側に配置された公園や広場は、住棟数が一～二棟ではなく、もっと規模の大きい集合住宅団地で見られます。日照との関係で、必ずしも妻側に公園や広場を配置する必要はありません。こうした配置は、多くは設計者のデザイン優先志向によるものです。設計者に犯罪からの安全性の確保という視点があれば避けられた配置です。

〔図25〕

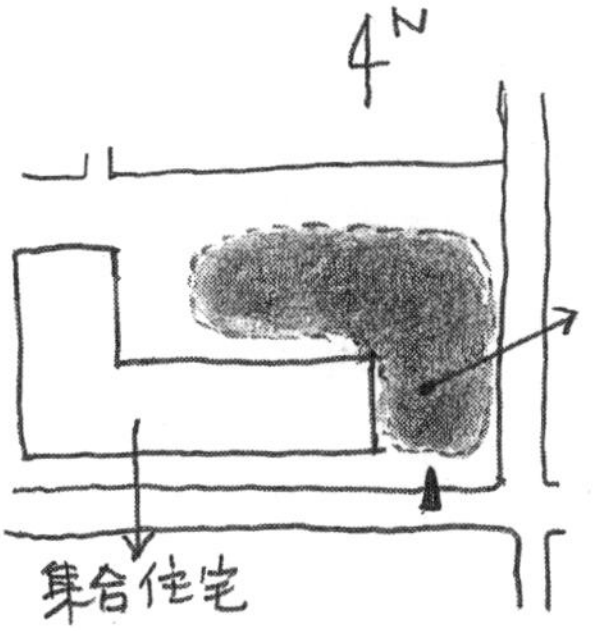

スカートの中に
手を入れられた。

イ）８才女子
ロ）11月15時
ハ）２人で遊んでいて
ニ）見知らぬ大人（男）

男に身体をさわられた。

イ）８才女子
ロ）９月15時
ハ）４人で遊んでいて
ニ）見知らぬ大人

妻側の入口周辺と北側
の小さな広場で犯罪が
発生している。

図25、26、27は、そうした配置の典型です。図26では、この公園に隣接する五つの住棟のすべてが、公園に妻側を向けています。すなわち、この公園は、隣接して五つもの住棟がありながら、どの住棟の居住者の視野に入らない位置に設置されているのです。公園と住棟が一体的に計画されながら、こうなったのであれば、あまりにも防犯への配慮が欠落しています。公園が先にあって後から住棟が建設されたのだとすれば、住棟の配置について公園との位置関係をふくめての配慮が必要だといえましょう。

集合住宅の妻側は危険な空間。

〔図26〕

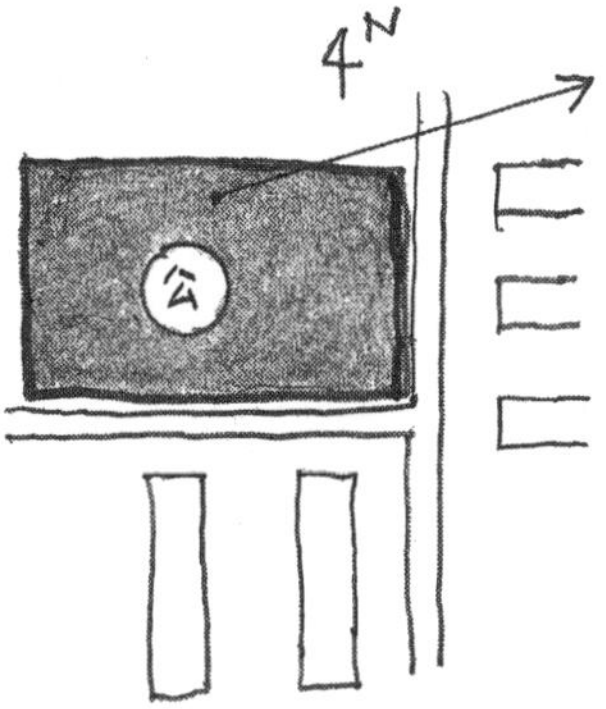

どうしてこんな配置になるのだろう。すべての住棟の妻側が公園に向いている。

男にどなられ
追いまわされた。

イ）10才男子
ロ） 7月14時
ハ） 1人で遊んでいて
ニ）見知らぬ大人

男に追いかけられた。

イ）11才男子
ロ） 7月16時
ハ） 2人で遊んでいて
ニ）見知らぬ大人

公園付近の住棟はすべて公園に妻側を見せている。

〔図27〕

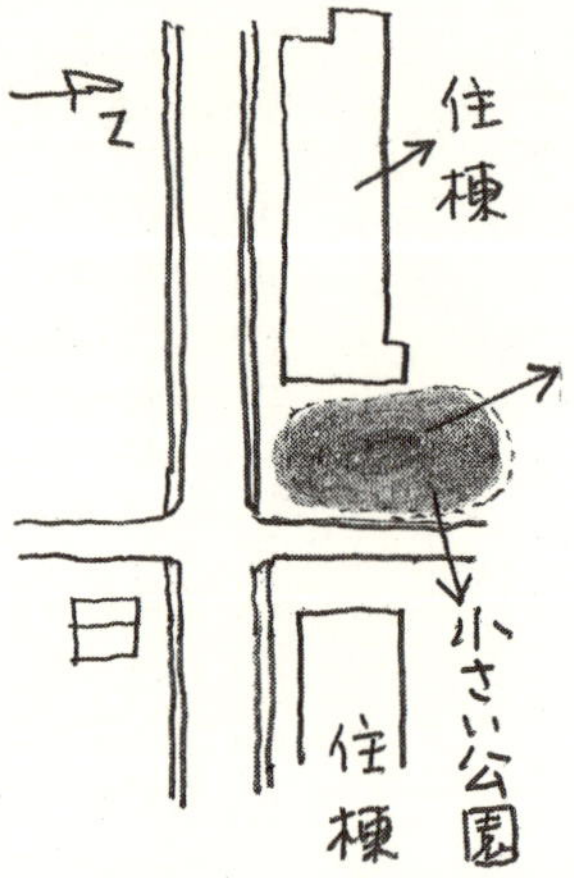

男に身体をさわられそうになった。

イ）９才女子
ロ）不明
ハ）３人でいたとき
ニ）たまに見かける大人

左右の住棟の妻側と妻側の間につくられた公園。ここは危険だ。

22 高層集合住宅の出入口付近

高層集合住宅の出入口からエレベーターホールに通ずる一帯は、比較的に人々の集まる空間ですが、子どもたちにとっては危険な空間の一つであります。この空間は人々が移動する動線空間であって、滞留空間ではありません。したがって、人々が集まるわりには、人の流れが途切れることも多い空間です。こうした人の流れが途切れた時間帯を中心に、子どもたちは犯罪に遭遇しています。

この空間は、人の流れが途切れるという問題以外にも、空間の構造や管理の上からも問題をかかえているケースが少なくありません。高層集合住宅のような高い建物では、建物直下の空間は、上階の居住者からは大変見えづらい空間です。上階の居住者からは完全に死角になっています。ですから、高層集合住宅では、出入口の両側の施設の配置が大切になってくるわけで

出入口付近は人影もまばらだ。

す。両側にある施設によって、出入口周辺の安全性が確保されるような配置が必要なのですが、無人化された管理事務所や大量の郵便ポストが無造作に並んでいる場合が少なくありません。加えて、節電や管理費節約のために昼間から薄暗い空間になっているのがほとんどです。

図28は、そうしたものの典型例です。ここでは、女子に対する風俗犯罪が何件か発生しています。出入口の上部には、落下物防止のための構造物が突出し、上階の居住者からの視線はまったく感じることができません。出入口からエレベーターホールに至る空間には大量の郵便ポストが設置され、人影が時々みられる程度です。人の出入りが途切れると大変淋しい空間が出現します。

高層集合住宅は、それだけで数百人が生活する一つの区域です。一つのまちと考えることもできるわけです。本来ならば、出入口が限定されていて、犯罪から防御しやすい空間なのです。こうした本来の利点を生かすためには、出入口の両側の居住性を高めることです。ここに、有人の管理事務所を置くとか、居住者の

〔図28〕

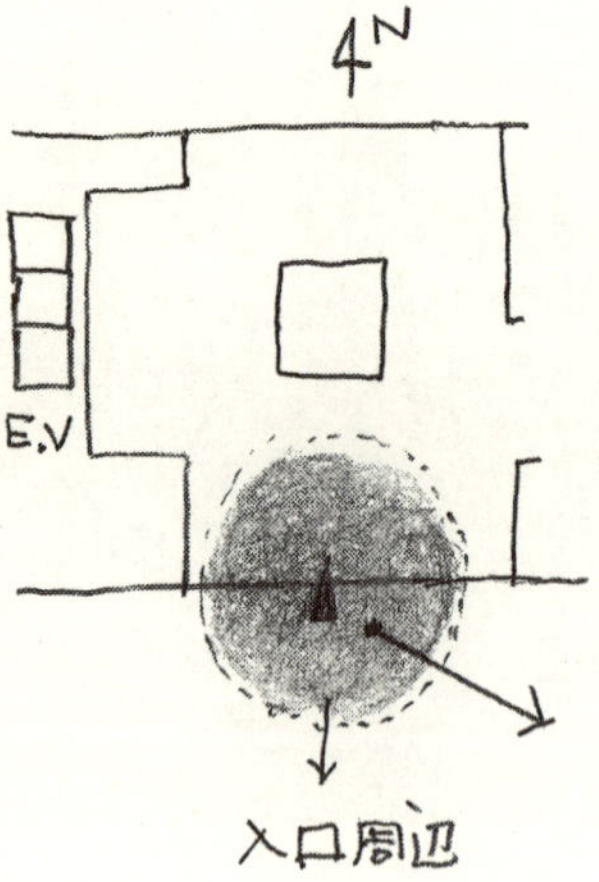

おそわれそうになった。

イ）9才女子
ロ）8月17時
ハ）2人でいた時
ニ）たまに見かける高校生

おしりをさわられた。

イ）10才女子
ロ）17時
ハ）1人でいた時
ニ）見知らぬ大人（男）

ための集会施設や休息施設を配置するとかすることです。これらの施設から出入口付近が日常的によく見えるように、明るく開放的な空間構造にする必要があります。この施設で働き、この施設を利用する大人たちによって、子どもたちは見まもられるわけです。

まちの出入口に、健康維持のためのリクリエーション活動を楽しむ高齢者たちが集うまち、料理や文化講座を楽しむ女性たちが集うまち、時には管理事務所で働く人の眼差しが注がれるまち、そんなまちは子どもにとっても楽しく安全なまちなのです。高層集合住宅の出入口付近の居住性を高めていくことは、その集合住宅の領域性をはっきりとさせることにもつながります。居住者には、〝私たちのまちに帰ってきた〟という意識を育て、部外者には〝用もないのに入りづらい〟という感じをいだかせることになるのです。このことによって、高層集合住宅の安全性は数段高いものになっていきます。

出入口の上には落下物防止のための庇が大きくはりだしている。そのため、上階の居住者には死角になっている。

出入口の奥は暗く、郵便受けが無造作に設置されている。

23 エレベーター

エレベーターの内部が犯罪の危険性の高い空間であることは、国内外の多くの事例が示すところです。とくに民間の高層集合住宅では共有空間を切りつめるために、エレベーターの乗り降りするための空間が狭く、防犯上の問題をかかえている場合があります。

図29は、そうしたものの一つの事例です。ここでは何件かの風俗犯罪が発生しています。この空間は、狭くて天井が低く、加えて三方に物置や機械室などが配置されて、人気がなければ大変物騒《ぶっそう》な空間です。さらに、ドアのポストに郵便物やチラシなどが溜まっている住居も散見され、あちこちに居住者不在の気配も感じられます。こうなると、危険性は一層高まります。

エレベーターのドアの透明化をはかったり、監視カメラの設置などの改善がみられます。さらにエレベーターの乗降口周辺の見通しを良くするなどの改善も必

〔図29〕

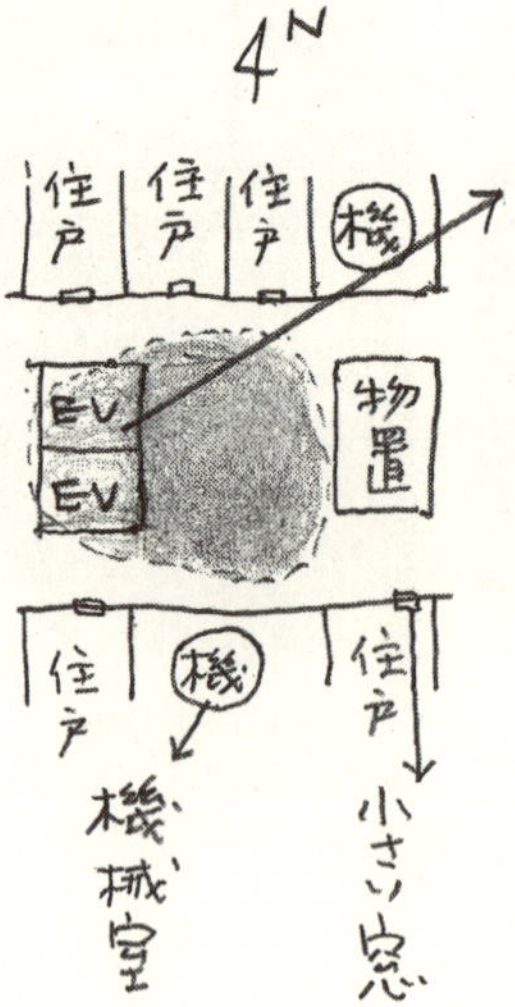

パンツにさわられそうになった。

イ）11才女子
ロ）10月16時
ハ） 1人で下校時
ニ）見知らぬ高校生

2人は9階でおりたが1人は11階まで連れていかれた。

イ）10才女子
ロ）16時
ハ） 3人でいて
ニ）見知らぬ大人（男）

要です。しかし、何よりも必要なことは、前項でも検討したように、高層集合住宅の出入口付近の居住性を高めて、建物全体の領域性を明確にしていくことです。出入口で犯罪者の侵入を防ぐことが必要です。

エレベーター・ホールの向かい側には機械室と、郵便受けしか開口部のない各住戸のドアが並んでいる。反対側もほぼ同じ構造である。

24　高層集合住宅の一階

一階部分が大変危険な高層集合住宅が増えています。とくに、高層集合住宅が何棟か集まって形成している大規模な団地の一階部分は、犯罪多発の危険きわまりない空間になっています。一つの建物に多くの人々が集合して居住する場合には、建物周辺は高密な居住空間になります。こうした建物では、一階部分は外からの視線にさらされ、プライバシーを確保することがむずかしく、敬遠されがちになります。こうしたことが背景になって、高層集合住宅の一階部分には、住居を配せずに、他の用途に使われる場合が増えています。団地の規模が大きくなればなるほど、こうした傾向に拍車《はくしゃ》がかかります。

こうした高層集合住宅の一階部分は、エントランス（入口）や通路のほか、さまざまな用途に利用されているわけですが、大きな問題を抱えています。主な用

1階の通路は昼間から暗くて汚い。節電のためか照明も消えている。

途としては、駐輪場、機械室、ゴミ集積場など日常的には居住性の低い利用が中心になっています。居住性が低いだけではなく管理もきわめて不十分な場合が少なくありません。団地自治会などの「駐輪禁止」の張り紙の前にも駐輪され、きめられた駐輪場にはきわめて乱雑に自転車が放置されています。ゴミの集積所もけっして美しいとはいえないものがあります。こうした空間や通路には、あちこちに落書きが放置されたままの状況も少なくないのです。

近代的な空間表現の様相を呈する高層集合住宅も、近寄ってその足元（一階部分）を見ると、きわめて貧相で問題を深くかかえた空間になっています。また、一階部分に商業施設などを導入している事例もみられますが、団地の規模が大きくなればなるほど、商圏も広域化し、住宅地にさまざまな人々が流入することになり、団地で生活する子どもたちにとっては、新たな犯罪の危険性をかかえこむことになっています。

図30は、そうした地区の一つの典型です。この高層集合住宅群では、一階部分に通路やエントランスの他に、機械室、ゴミ集積所、駐輪場があり、商店も誘致

〔図30〕

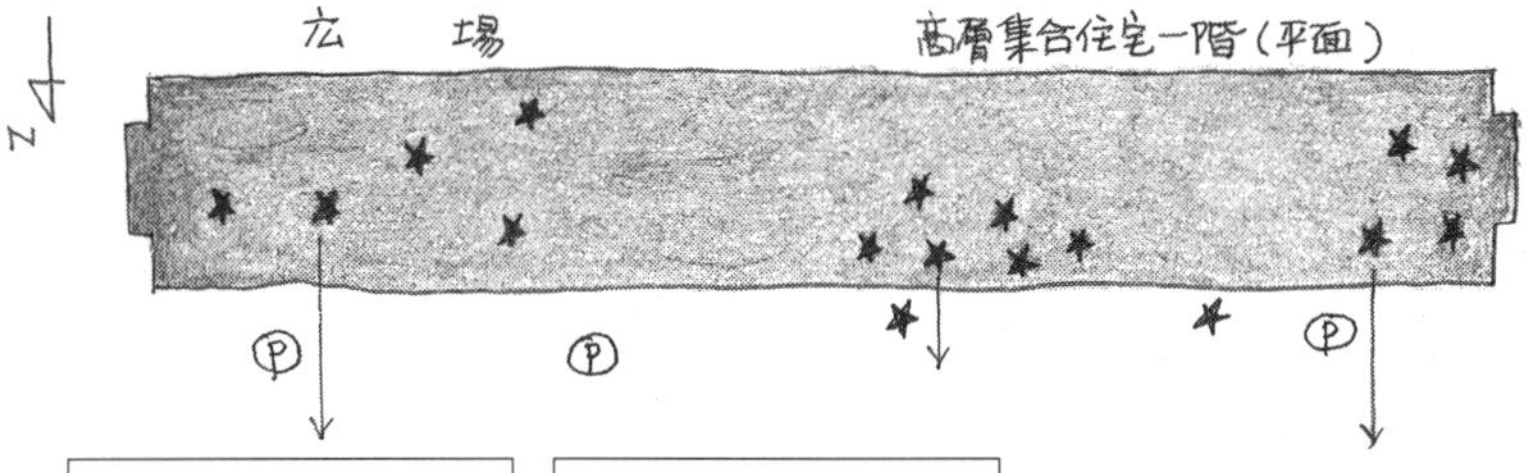

ズボンをおろして おしりを見せられた。	棒でほっぺたを つつかれた。	男に追いかけられた。
イ）８才女子	イ）９才女子	イ）７才女子
ロ）７月16時	ロ）９月17時	ロ）16時
ハ）１人で塾の帰り	ハ）４人で遊んでいて	ハ）１人で塾に行く途中
ニ）見知らぬ中学生	ニ）見知らぬ大人（男）	ニ）見知らぬ大人

★印は犯罪発生場所

されています。この高層集合住宅では、どの棟も一階部分で、子どもが多くの犯罪の危険にさらされています。一階部分のあちこちには落書きがみられます。一階部分は昼間から暗くて、この地区の問題空間になっています。こうした空間に、申し訳程度にプレイロットなどがつくられる場合もありますが、幼児たちが元気に遊ぶ姿などめったに見かけることはできません。

建物の一階部分は、地域で生活する子どもにとっては、きわめて重要な意味をもつ空間であることを再認識する必要があります。団地の戸外で遊ぶ子どもたちを、子どもたちの目線から暖かく見守っていく大切な空間です。宮崎事件や神戸北須磨事件の現場となった集合住宅も、一階部分はこうした居住性の低い住居形式でした。団地（住宅）経営の視点からみれば、一階部分に住居を配置せず、他の必要施設のために利用することがベターだとしても、日常生活における居住性の向上と、子どもたちの日常生活の安全の確保という視点からは、強く再考を求められる計画手法であります。一階部分に住居を配置することが不適としても、そこには、地域の人々の日常的利用に供する集会施設

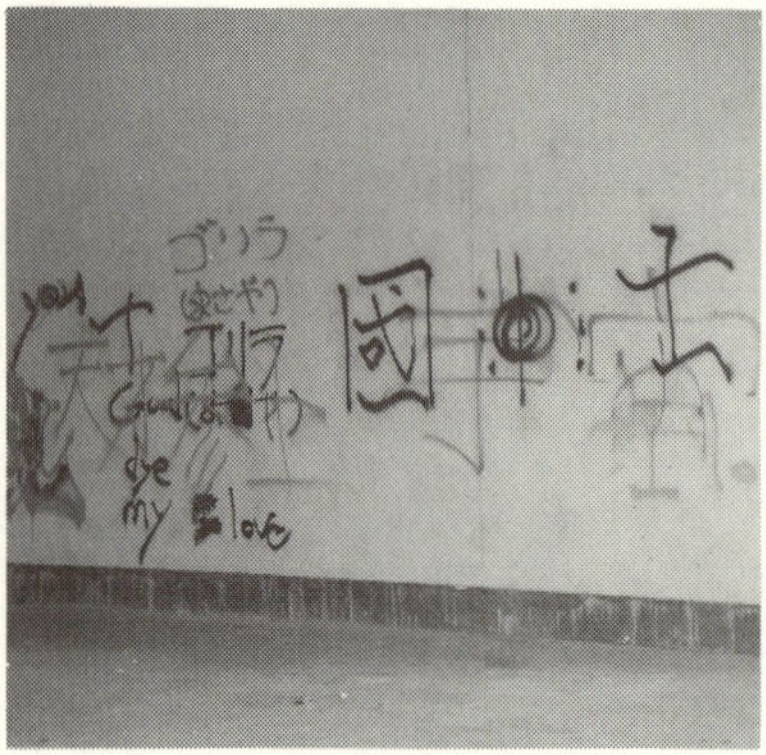

通路のあちこちには落書きがある。

1階にはゴミの集積所もある。ゴミが散乱していて汚い。

や文化、スポーツ施設などを配置し、地域住民による居住性を高めていく必要があります。現にこうした施設を配置することによって地域の居住性を高め、子どもが犯罪から守られている団地もあるのです。

　高層集合住宅に多くの人々を居住させるという住居形式にも問題があります。集合住宅では、個々の住居は入居者個人が管理し、公園などの大きい公共公益施設は集合住宅の供給主体の責任で管理されていますが、集合住宅内の通路やエントランス、駐輪場やゴミ集積所、住棟の足元の空地などは、半ば個人的に利用される公共的な空間で、いわば中間的空間といわれるものです。こうした空間は、入居者個人からも供給主体からも十分に責任ある対応がとられていない空間です。そして、こうした中間的空間こそ、集合住宅の居住性を左右し、安全性にも大きい影響を与えています。中間的空間の管理運営には、主として居住者の自治的組織（自治会や管理組合）の活動が重要なポイントを占めています。自治的組織が居住者の民意を十分に反映し、信頼される活動をおこなっているところでは、中

広域な商圏を見こんだストアも出店している。

通路には自転車が散乱している。

間的空間にも住民合意にもとづくルールが確立され、それが守られています。

しかし、自治的組織の運営やその空間管理能力には、人的にも空間的にも一定の限界があるようにみうけられます。例えば、駐輪場の場合、〝1、2、3番はA家の駐輪場〟〝4、5番はB家の駐輪場〟というふうに、所有は共通だが利用は個人責任といった活用方法が望まれます。そこにはA家とB家の自転車が駐輪されているということを確認しあいながら生活していくためには、自治的組織の基本単位は一〇世帯程度が適切だといえます。一つの出入口を利用する世帯が一〇前後で、これを基本単位として中間的空間を管理していくような集合住宅の計画が有効なわけです。

高層集合住宅のように数百人を対象にした駐輪場やゴミ集積所などの中間的空間は、居住者による自治的組織の管理能力をはるかに超えています。こうした高層集合住宅では、中間的空間の管理はきわめて不十分で、そこで子どもたちは多くの犯罪の危険にさらされています。

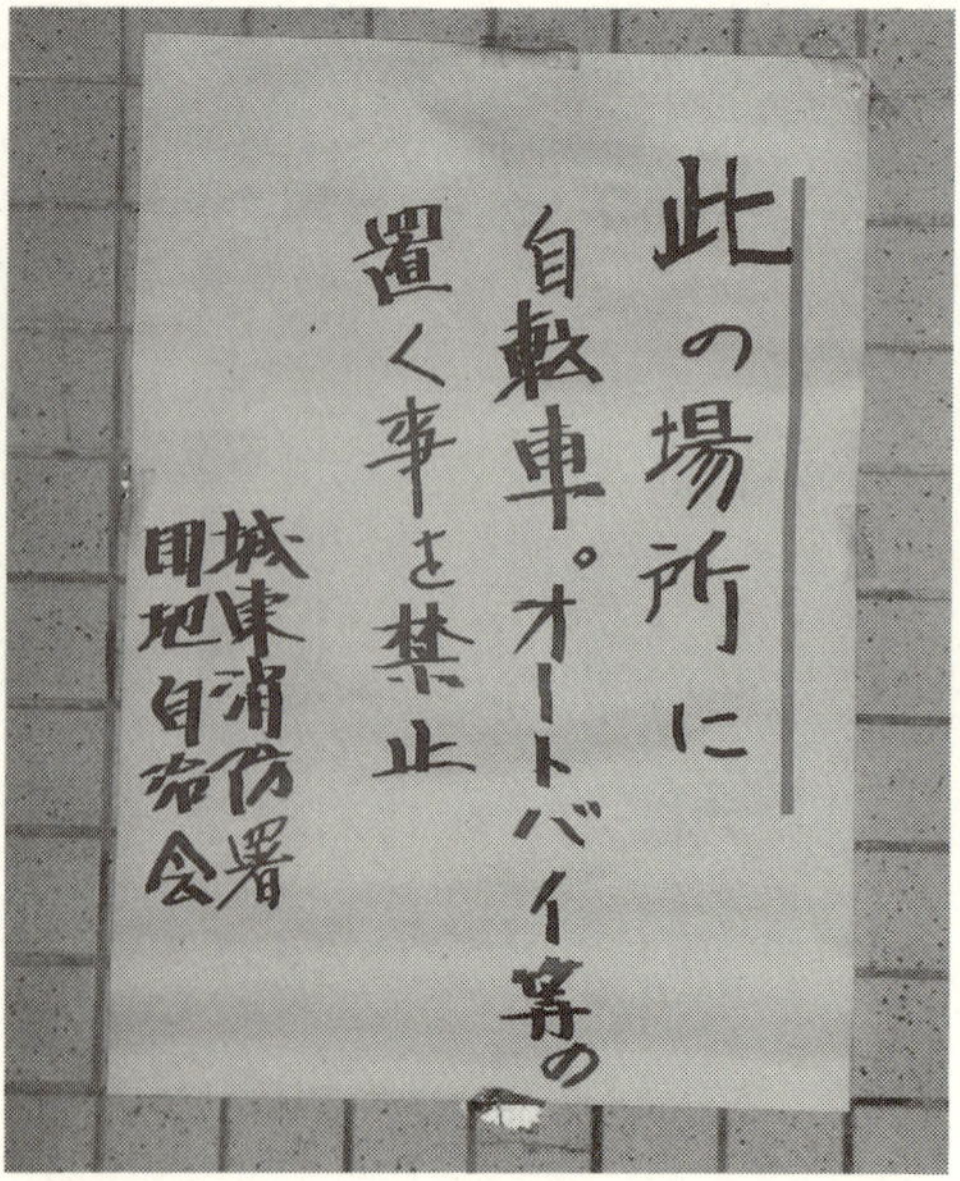

この通路にはこんな貼り紙もされているのだが……。

25　高層集合住宅の中庭

最近ではあまり見られなくなりましたが、四方を建物で囲まれた中庭をもつ高層集合住宅が存在します。こうした中庭は、駐輪場に改装されたりしていますが、犯罪の発生しやすい空間の一つです。こうした空間に身を置くとよくわかることですが、太陽の光が射しこむこともなく、居住者の視線もまったく感じることない、穴蔵のような空間です。

図31は、そうした空間の一つです。この中庭は、すでに屋根付きの駐輪場に改装されていますが、ここで犯罪が発生しています。中庭を囲む建物の一階部分は、機械室であったり、幼稚園の窓のない壁であったりして、中庭への出入口を除いて、まったく人影を見ることはできません。上層階からも、落下物防止の構造物や通路にさえぎられて居住者の視線を感じることはむずかしく、加えて駐輪場の屋根で完全に視線は遮断《しゃだん》さ

〔図31〕

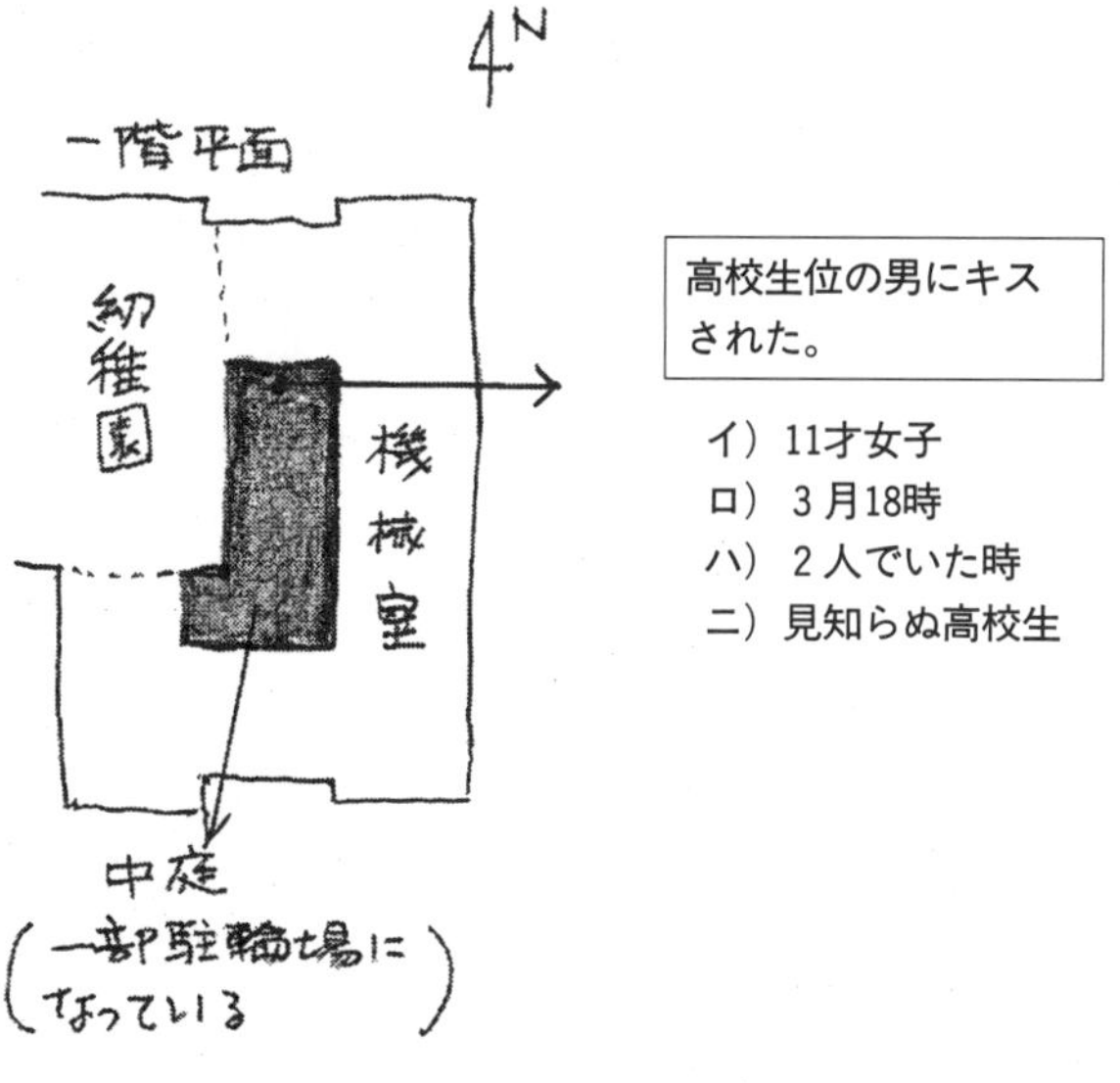

れています。太陽の光はあたらず、薄暗く物騒《ぶっそう》な空間です。

中途半端な中庭は、高層集合住宅の居住性を高めるというよりは、逆に劣化させています。今後は、こうした建築形態は避けなければなりません。すでにあるものについても一定の改善が必要です。照明を明るくするといった工夫や、中庭を一階部分に付属する建築空間化することなどによって、有効利用をはかることも検討されるべきです。

上階の通路から中庭を見る。まるで暗い穴蔵である。

26 団地の植栽

集合住宅団地では、植栽《しょくさい》は欠かすことのできないものです。きわめて人工的な環境のなかで、四季の変化をはじめ自然のもつさまざまな機能を感じさせてくれる大切なものです。また、子どもにとっては、格好の遊びの素材を提供してくれる空間でもあります。しかし、ここにも子どもが犯罪にまきこまれる危険が潜在しています。植栽が周辺の住棟から、団地内で遊ぶ子どもたちをすっぽりとおおうようになると、一つの死角をつくり出すことになるのです。

図32は、そうした事例の一つです。この団地は全体としては、住棟と植栽が十分に検討されて配置されており、犯罪の少ない団地の一つなのですが、事例にとりあげた部分だけが危険な空間構成になっています。この緑地広場は住棟の南面に位置し、本来ならば、その住棟の居住者によって日常的に見守られている安全

集合住宅に樹木が潤いをもたらしている。

な空間です。ところが、この住棟と緑地の間に植栽がほどこされていて、″みどりの壁″をつくり出しているのです。低木、中木、高木が所狭しと植えこまれていて、住棟から緑地で遊ぶ子どもたちを目にすることは困難です。

集合住宅団地にとって緑は大切な要素です。できるだけ多く豊かに取り入れたいものですが、その配置と樹種の選択については防犯面からの配慮が必要です。居住者の視線を切断しないような低、中、高木の選択が必要です。とくに、人間の視線の位置に葉を茂らせる中木については、その植栽位置についての事前の検討が望まれます。また、植物は成長し、それにともなって形姿も変化するということを十分に考慮する必要があります。植えた当初は十分に安全に配慮したつもりでも、樹木は五年、十年と時間がたつにしたがって大きく変化していきます。人工物である建物とは、そこが大きく違う点です。植栽のデザインには、当初のデザイン、成長盛りの五年後のデザイン、十分に成長してからの十年二十年後のデザインが必要なのです。樹木は成長し変化していくのですから、その時々の理

〔図32〕

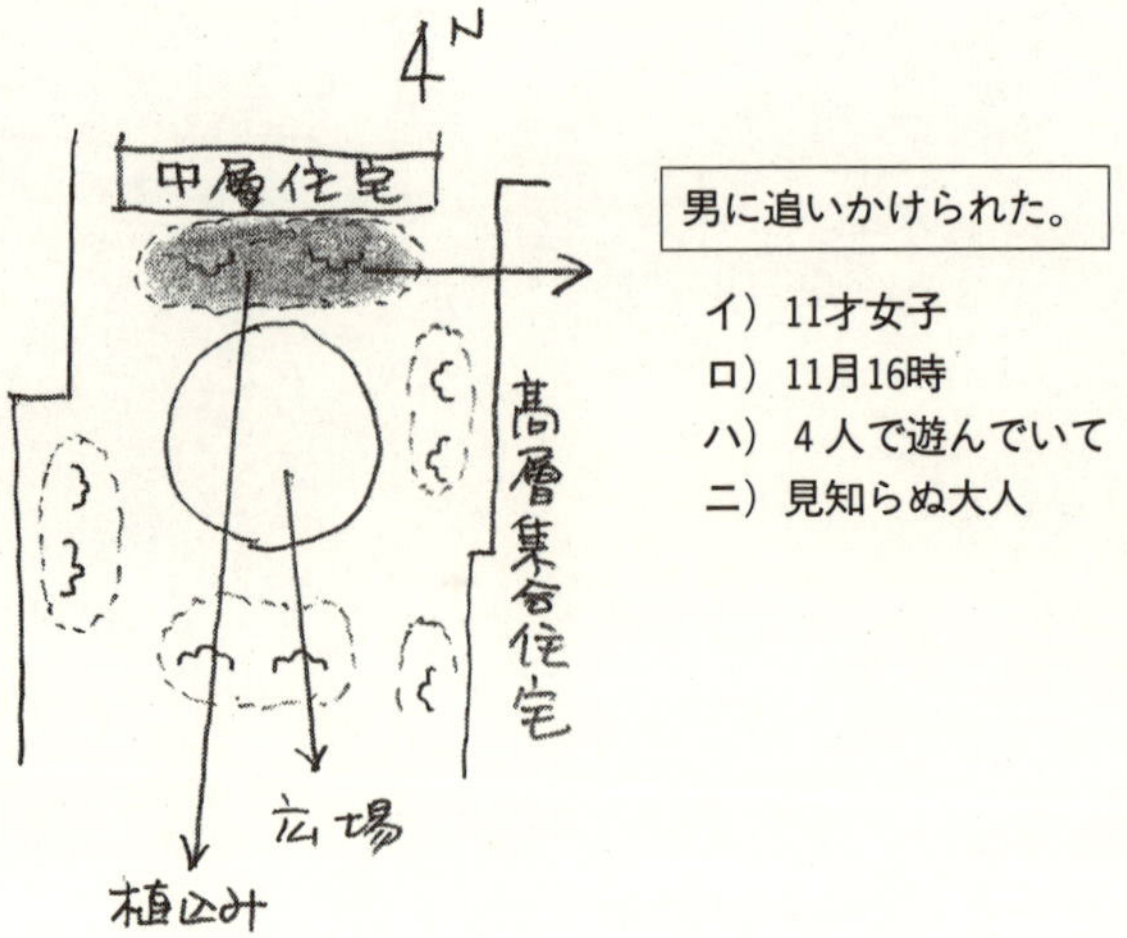

想的なデザインを実現するためには適切な植栽管理が不可欠となります。

たとえば、低木としての機能が期待された樹木も、適切な植栽管理がなされないままだと、いつのまにか育って中木のようになっていくわけです。もともとの中木は、下部に可視できる部分がありますが、低木が大きくなると下から上まで茂みになって可視できる部分がなくなり、問題は一層大きくなります。中木が高木のようになっていく場合も同じような問題が発生します。樹木には、適切な管理が必要だということを十分に考慮しなければなりません。樹木の管理は、簡単に考えられがちですが、専門的な知識・技術と相当の経費を必要とするものです。この点が十分に考慮されないまま、無計画に植栽されると、樹木の成長にともなって問題が発生します。その一つに、戸外で遊ぶ子どもたちが犯罪にあう危険性があるわけです。

もっと自然のままの樹木の成長を尊重すべきだという考えもあります。毎年のように剪定《せんてい》されて、樹木本来の姿からは大きく変わってしまうことに違和感を持つ人々もいるわけです。樹木の自然な成長にまかせる

全体として、樹木の配置もよく、管理も行き届いている。

ような考えかたもあってもいいのですが、その場合には、樹木の配置と樹種の選択については、防犯上の視点から事前に十分な検討が必要です。

ある広がりをもって局部的にこうした空間が存在するが、こうなると子どもたちには危険である。

27 自動販売機

高層集合住宅団地の一階部分にある駐輪場の外壁部に、缶ジュースなどの自動販売機が設置されているのをよく見かけます。それなりに利用者が見こめるのでしょうが、こうした場所に自動販売機を設置すると犯罪を誘発《ゆうはつ》させることにもなります。そもそも無人の自動販売機周辺は、子どもにとっては、金品を脅《おど》しとられる場所になりやすいのです。自動販売機を、たくさんの子どもたちが集まる団地の駐輪場に近接して設置することは問題の多いことなのです。

図33は、そうした事例の一つです。こういう場所では、加害者も高校生ぐらいの年齢の者が多いのが特徴です。この自動販売機の設置者は、団地の供給主体である住都公団か管理組合かであり、何がしかの収益を見こんでのことと思われますが、一考してほしいところです。

〔図33〕

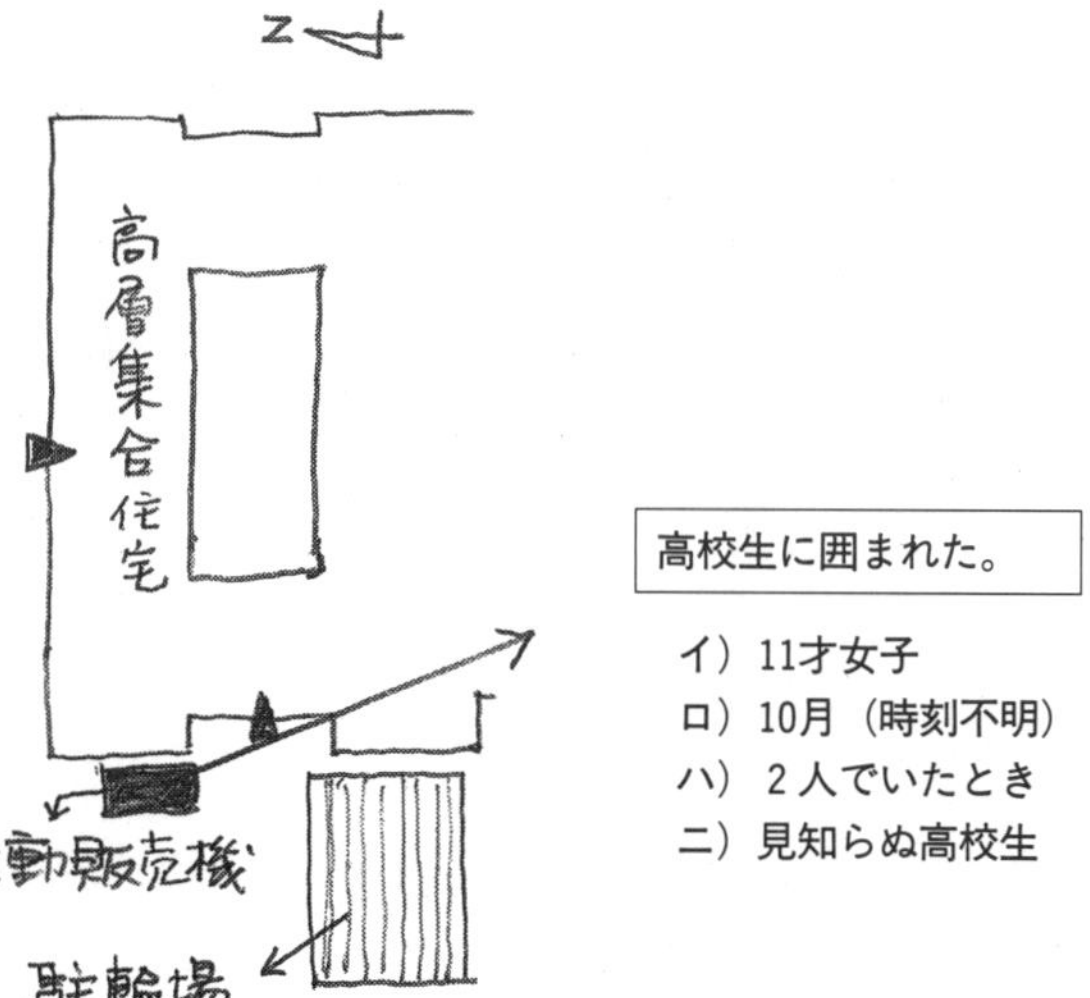

高校生に囲まれた。
イ）11才女子
ロ）10月（時刻不明）
ハ） 2人でいたとき
ニ）見知らぬ高校生

飲料水の自動販売機がむらでもまちでも、ところかまわず国土のどこにでも設置されている国は日本ぐらいのものです。ヨーロッパの先進国では、何百キロメートル走っても、そうしたものを見つけることはできません。まちの中でも、大きい駅やホテルなどで見かける程度で、まちのなかに露出した飲料水の自動販売機など見かけることはありません。自動販売機の設置場所を問題にする前に、こうした日本人の生活そのもののありかたを問題にしたいものです。ましてやその周辺で子どもたちが犯罪に遭遇《そうぐう》しているわけですから。

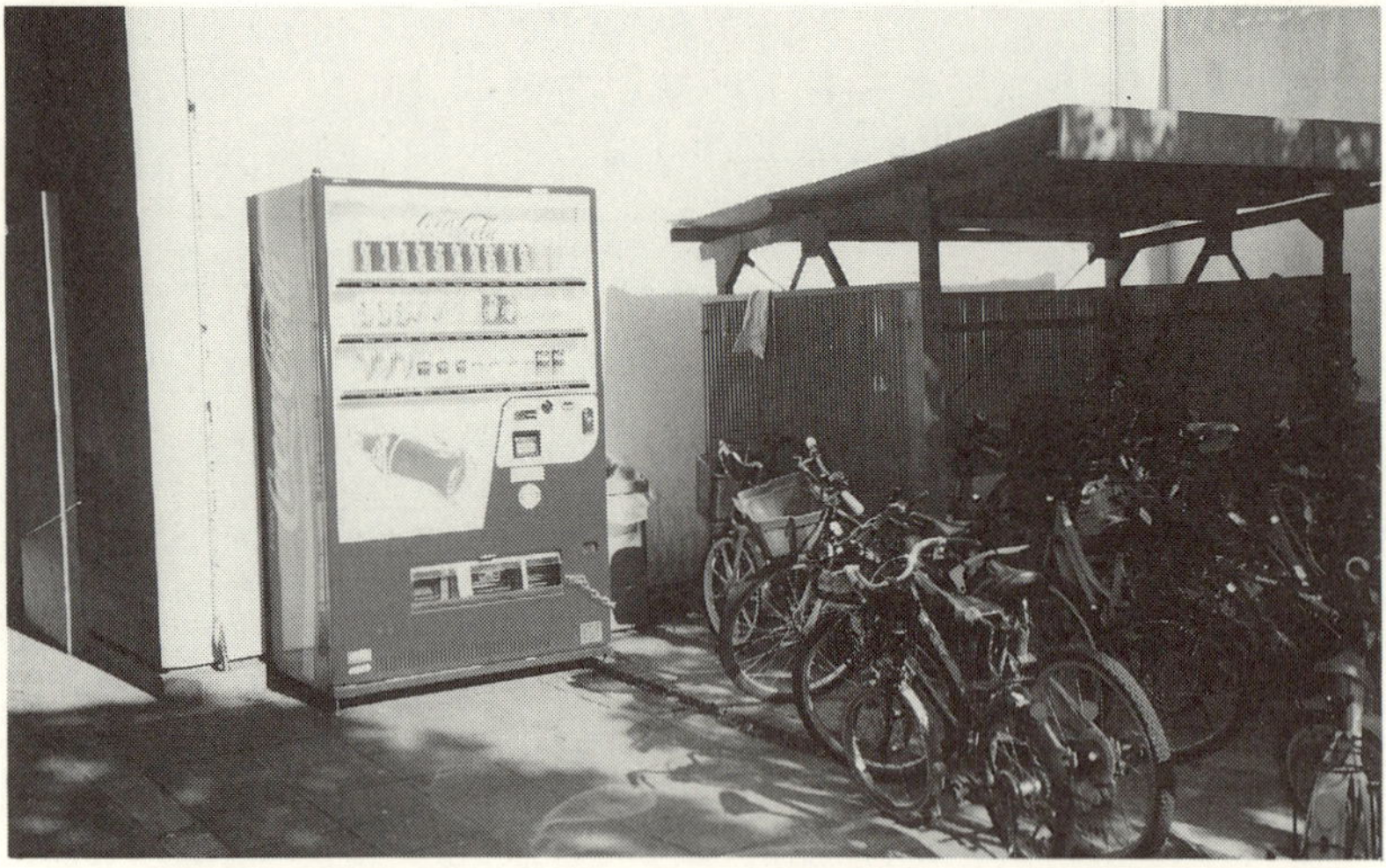

自動販売機は所かまわず設置されるが、場所によっては犯罪発生の要因となる。

28 商業施設の併設

地域の人々が日常の生活用品を買い求める商店の存在は、住民相互のコミュニティーを醸成《じょうせい》し、子どもを犯罪の危険から守る上でも大切な役割を果たしていることはすでに述べたとおりです。

このことは集合住宅団地の場合も同じです。主として団地の住民を顧客《こきゃく》とし、団地内で遊ぶ子どもたちの姿が見えなくなる午後の八時過ぎまで営業している商店の存在は、子どもたちを犯罪の危険から守っています。商店の経営者も団地の住民であったりすれば、その効果はより大きくなります。ところが同じ商業施設であっても、大規模なスーパーマーケットなどになると事情は変わってきます。広域的な大規模商業施設の併設は、団地の子どもたちにとっては犯罪の危険を高めることになります。

図34は、そうした事例の一つです。この高層集合住

〔図34〕

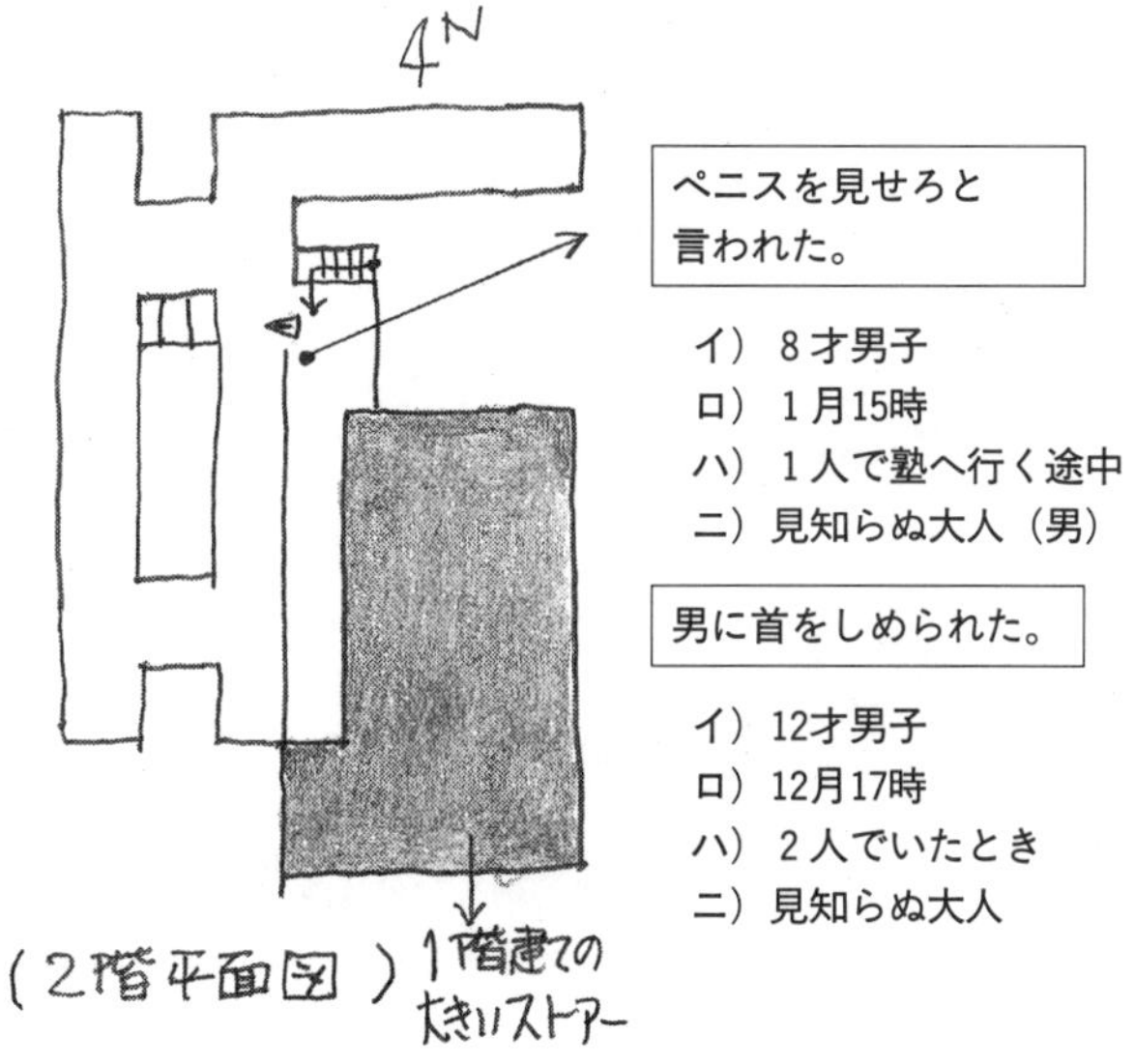

4N
ペニスを見せろと言われた。
イ）8才男子
ロ）1月15時
ハ）1人で塾へ行く途中
ニ）見知らぬ大人（男）
男に首をしめられた。
イ）12才男子
ロ）12月17時
ハ）2人でいたとき
ニ）見知らぬ大人
（2階平面図）
1階建ての大きいストアー

宅団地では、団地入口の住棟の一階部分に併設するような形で、百貨店系列の大規模なスーパーが立地しています。駅前ということもあり、利用客は団地住民相手の商店よりはるかに広域化しています。この住棟では、スーパー利用客と住棟居住者の動線を区分するために、住棟の出入口は二階に設けられています。これは、スーパー利用客が住棟へまぎれこむのを防ぐ、防犯上の配慮の結果だと推察されますが、逆にこのことが犯罪の危険を助長する結果になっています。

二階の住棟への出入口周辺で数件の犯罪が発生しているのです。加害者にとっては、一階部分のスーパーの存在によって住棟へのアプローチは容易ですし、二階に昇れば、一階のスーパーの利用客からはまったく見られずにすむわけです。スーパー利用客と居住者の動線を区分するという方法は、加害者にとっては怪しまれずに住棟にアプローチでき、人目をあまり感じないで犯罪を犯すことのできる空間をつくりだしているのです。

高層集合住宅団地には、大規模商業施設が併設される場合が少なくありませんが、これについては検討が

集合住宅に併設されている大規模なスーパーマーケット。

必要です。団地は居住者にとっては日常的な住空間であり、子どもにとっては、大切な生活空間です。そうした空間に、不特定多数の人々の利用を前提とした大規模な商業施設を併設することは、団地の居住者、とりわけ子どもたちにとっては、生活環境の劣化につながるものです。高層集合住宅団地とはいえ、そこは居住者の生活の拠点であり、何よりも良好な居住環境の保全が必要とされる空間であります。そこにはそれにふさわしい商業施設の規模や業種が求められるわけです。しかし、そうした規模の商店は経営の危機に立たされているのが現実です。すでに商店街の項で検討したようなことを、高層集合住宅団地の商店についても考える必要があるわけです。

集合住宅の居住者の出入口は2階にある。スーパーマーケット前の広場から2階に昇る階段。

2階にある集合住宅の出入口付近には人影が見られない。

29 団地内を貫通する幹線道路

住宅団地の規模がある程度大きくなると、団地の中を広域幹線道路が貫通している場合が少なくありません。時には、広域幹線道路と抱き合せを前提として建設される住宅団地も存在します。こうして建設された広域幹線道路の周辺は、住宅団地内の生活道路（主として地域住民の生活に供する道路で、あまり自動車の通過がない道路）とくらべると独特の雰囲気をもっています。

生活道路を行きかう人々は、周辺の住棟の住人とも、団地のオープンスペースで遊ぶ子どもたちとも、お互いに顔を合わすことができ、両者の間に高い障害物は存在しません。ところが、広域幹線道路だと、周辺の住棟やオープンスペースと、こうした一体感のある関係をつくりだすことはむずかしくなります。この両者の間には中・高木などの障壁が配置され、両者の一体

〔図35〕

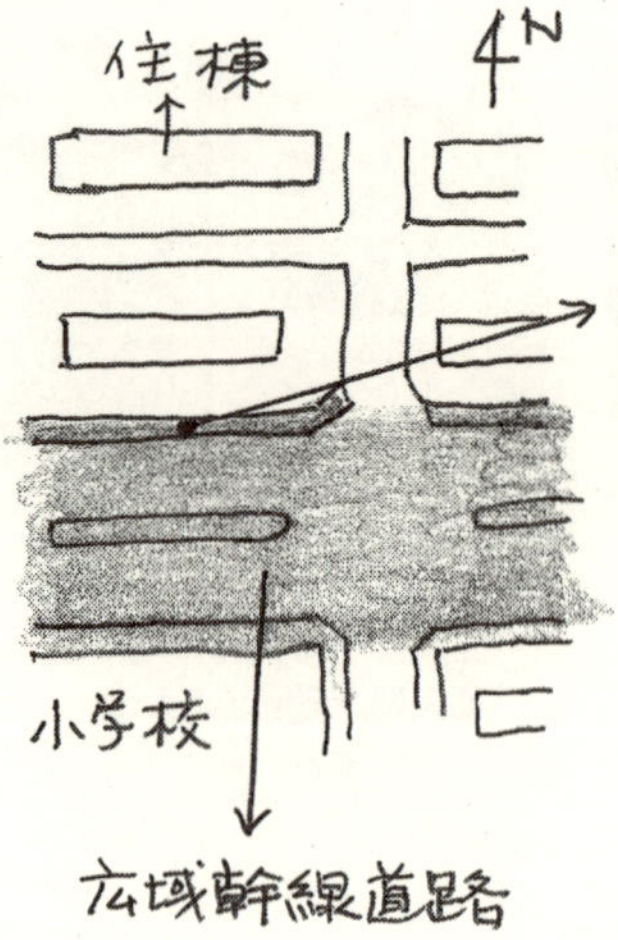

男の酔っぱらいに大声でどなられた。

イ）10才女子
ロ）10月７時
ハ）３人で登校中
ニ）たまに見かける大人

感は遮断《しゃだん》されるのが一般的です。住民の側が騒音や空気汚染などの交通公害や不審者の侵入を防ぐために、きちんとした障壁を必要としているからです。こうした障壁の周辺で子どもたちは犯罪にあっています。団地のなかに死角が生みだされています。

図35は、そうした空間の一つです。団地のなかを広域幹線道路が貫通し、それに沿って中・高木の樹木が茂っています。その直下で犯罪が発生しています。住宅団地という一つのまとまった日常生活圏を、広域幹線道路が貫通するといった計画は無謀です。こうした計画は犯罪防止の視点からも見直しが必要です。

団地内を広域幹線道路が貫通すると、住棟の側は樹木などで障壁をめぐらし、道路との関係を断ち切ってしまう。

30　居住性の低い集合住宅

集合住宅の南側に位置する公園ではほとんど、子どもへの犯罪は発生していません。しかし、例外的なケースがいくつかあります。その一つが、集合住宅の昼間の居住性がきわめて低い場合です。

たとえば、それが単身者用の集合住宅だったりすると、昼間でも居間の窓にはカーテンがかかっています。これでは、せっかく住宅と公園の位置関係が良好であっても、そこで遊ぶ子どもたちを見守っている人はいません。逆に、高齢者の多い集合住宅だと効果は抜群です。

集合住宅の構造が問題になる場合もあります。とくにベランダの構造が問題です。居住性の高い居間からの視線をさえぎるような構造だと、効果は半減しています。図36はそうしたものの一例です。ここでは、夏の夕方に子どもに対する犯罪が発生しています。ベラ

〔図36〕

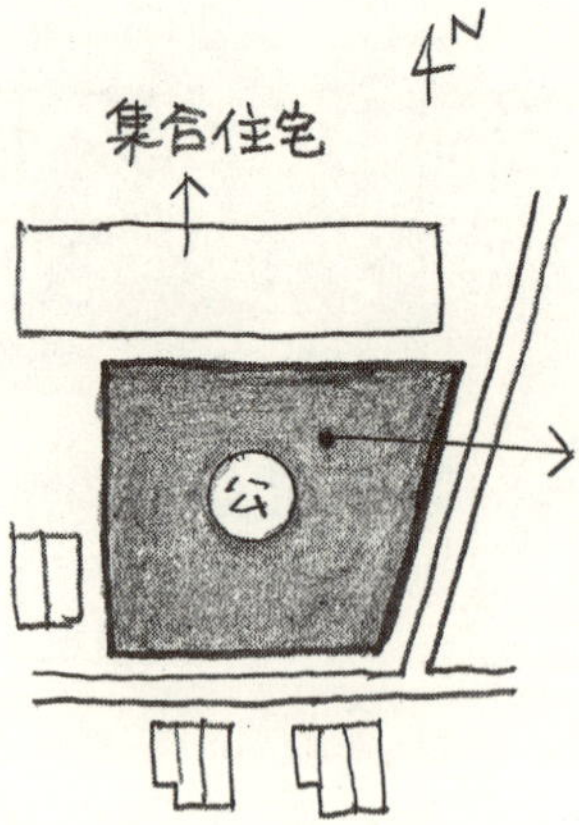

なぐられそうになった。

イ）10才男子
ロ）９月17時
ハ）１人でいたとき
ニ）見知らぬ大人（男）

男に追いかけられた。

イ）10才女子
ロ）９月16時
ハ）５人で遊んでいて
ニ）たまに見かける大人

ンダの構造に問題があるのですが、加えて、クーラーの普及が影響しているとも考えられます。クーラーを作動させて部屋を閉めきっているということが推察されます。こうした事情が重なって、この集合住宅は、公園に対して好位置にありながら、防犯上の役割を十分に果すことはできていません。

公園の計画に当っては集合住宅と好位置に配すると同時に、その住宅の居住者が日常的に居住しているかどうかといった属性をも十分に考慮することが必要です。

公園に対する位置関係は良好だが、昼間は不在だったり、また、夏場はクーラーをかけ窓を閉め切ってしまうのでは意味がない。

31　大規模住宅

集合住宅団地では、住棟とオープンスペースとの位置関係がきわめて重要な意味をもつことは既述してきた通りです。しかし、あくまでも、このことは住棟の南側（居住側）が前面のオープンスペースに対して開かれている（視覚的にも一体感がある）ことを前提として、成り立つことです。

住棟が前面のオープンスペースに対して開かれていない場合には、両者の位置関係は生かされません。（このことについてはすでに前項で紹介しました）。高層の住棟が何棟も林立するような大規模な集合住宅団地では、各住戸は外部空間に対してきわめて閉鎖的になっています。ベランダには視界をさえぎる障害物が付設され、各戸のリビングルームから外を見ることはむずかしくなっています。当然、前面のオープンスペースからもリビングルーム内の人影を見ることも困難

〔図37〕

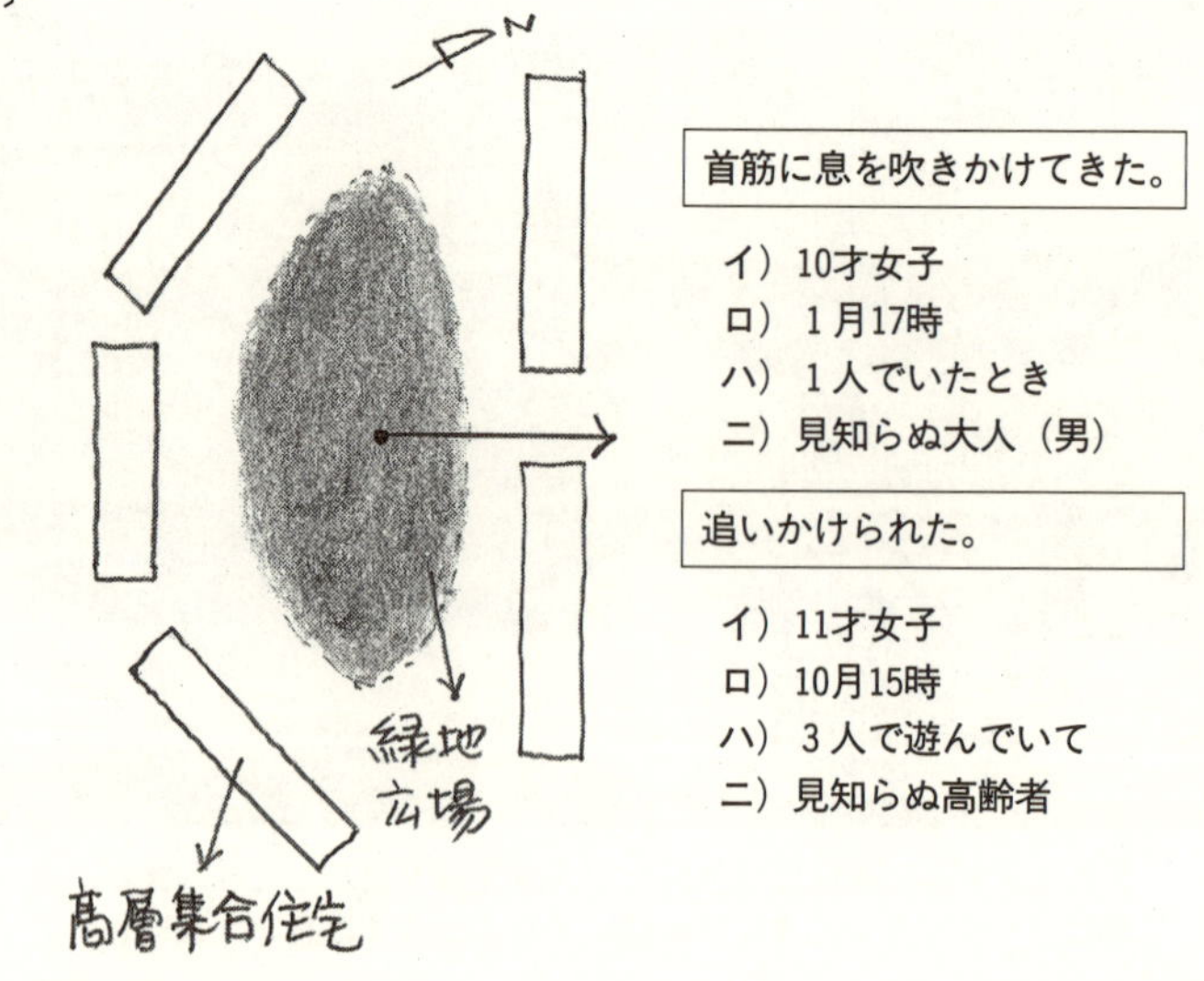
N
緑地広場
高層集合住宅
首筋に息を吹きかけてきた。
イ）10才女子
ロ）１月17時
ハ）１人でいたとき
ニ）見知らぬ大人（男）
追いかけられた。
イ）11才女子
ロ）10月15時
ハ）３人で遊んでいて
ニ）見知らぬ高齢者

団地中央の広場から見上げると、住棟の各戸は豆つぶのようだ。

反対側の住戸も同じような感じ。居住者は多いのに、人の気配は感じられない。

です。こうした団地では、住棟の南側も北側とあまり変わらない様相を呈しています。

大規模な集住空間で、人々は極端なプライバシーを求めているようにみえます。「誰かに見られているのではないか」という不安がつねに存在し、外から見られないということをきわめて重視するようになっています。外から見られないということは、内からも外を見にくい空間構造を求めているということです。それほど規模も大きくなく、棟数も一〜二棟くらいの集合住宅ではこうしたことはあまりみられません。住棟の南側はきわめて開放的です。南側にオープンスペースがあれば、両者はきわめて良好な関係を維持しています。

こうして大規模団地と小規模団地とを比較してみると、居住者の外部空間に対する対応には、集合住宅の棟数や規模が関係していることが推察されます。居住者が外部空間に対して開放的であるためには、団地の規模に一定の限界があるようです。その限界を超えると、居住者は不特定多数の視線を強く意識しはじめ、極端なプライバシーを求めるようになります。

各戸のベランダには目隠しがとりつけられている。戸外から見られないし、戸外も見えない。

図37は、大規模な集合住宅で発生した犯罪の一例です。住棟の中央にあるオープンスペースから見上げると、各戸は豆つぶのようであり、南側の住棟も北側の住棟もしっかりとプライバシーを確保し、オープンスペースに対する居住者の視線を感じることはできません。そもそも住居とは、個人と家族の生活の基盤であり、それを守り発展させていくものでなくてはなりません。しかし、それと同時に、まちを形づくっている重要な構成要素の一つです。周辺の空間から影響を受けつつ、また、それらに影響を与えつつ、まちを形づくっていきます。そして、こうしたかかわりかたこそがまちの質を決めていくわけです。過密に過大に集積することによって、周辺とのかかわりを断ち切ってしまう大規模な高層集合住宅団地の建設は見直しが必要です。そうした空間では子どもたちが安心して生活することもできないのです。

32 弱い自治活動

子どもを犯罪から守るまちづくりには、ハード面からまちの空間構造を変えることも大切ですが、その空間を管理し統治していくソフト面の活動の充実も大切です。団地の自治会や町会などの自治組織が、住民の意向を民主的に汲みとって生き生きと活動し、住民の信頼を得ていることは、地域で子どもたちを犯罪から守るための重要な条件です。

とくに、団地内の駐輪場やゴミ集積所、住棟の通路や住棟周辺の緑地などの半公共的な空間の管理は、子どもを犯罪から守るうえで重要な意味をもっています。こうした空間は、子どもが最初に出会う外部空間であり、最も日常的な外部空間です。ここに地域の大人たちのしっかりとした目が注がれていなければなりません。この空間の日常的な管理は、住民ひとりひとりや団地の管理事務所というよりは、自治会などの自治組

住棟周りは子どもたちの楽しい生活空間なのだが……。

織の活動に負うところが大きいのです。

自治組織の活動が弱いと、こうした半公共的な空間の管理は不十分になります。そしてそこでは子どもたちへの犯罪が容易に発生することになります。住棟の規模も大きく棟数も多い過大な住居空間には、こうした住棟内外の半公共的な空間の管理が不十分なものが多くみられます。一見近代的な様相を呈している高層集合住宅団地も、半公共的な空間の管理状況には目をおおいたくなるようなものが少なくありません。住居一戸一戸や団地の中央部のオープンスペースなどとくらべても、この半公共的な空間の管理状況の貧しさはきわだっています。各住居は住民一人一人が責任を持って管理しているのですが、そのどちらにも属さない住棟内外の半公共的な空間の管理は、住民の自治組織の活動に委《ゆだ》ねられる部分が大きいのです。過大な集住空間には、こうした半公共的な空間の管理状況に大きい問題を抱えた事例が少なくありません。それは、その管理の中心となるべき自治活動のありかたに問題を抱えているといえるのです。

図38は、そうした高層集合住宅団地の一例です。こ

〔図38〕

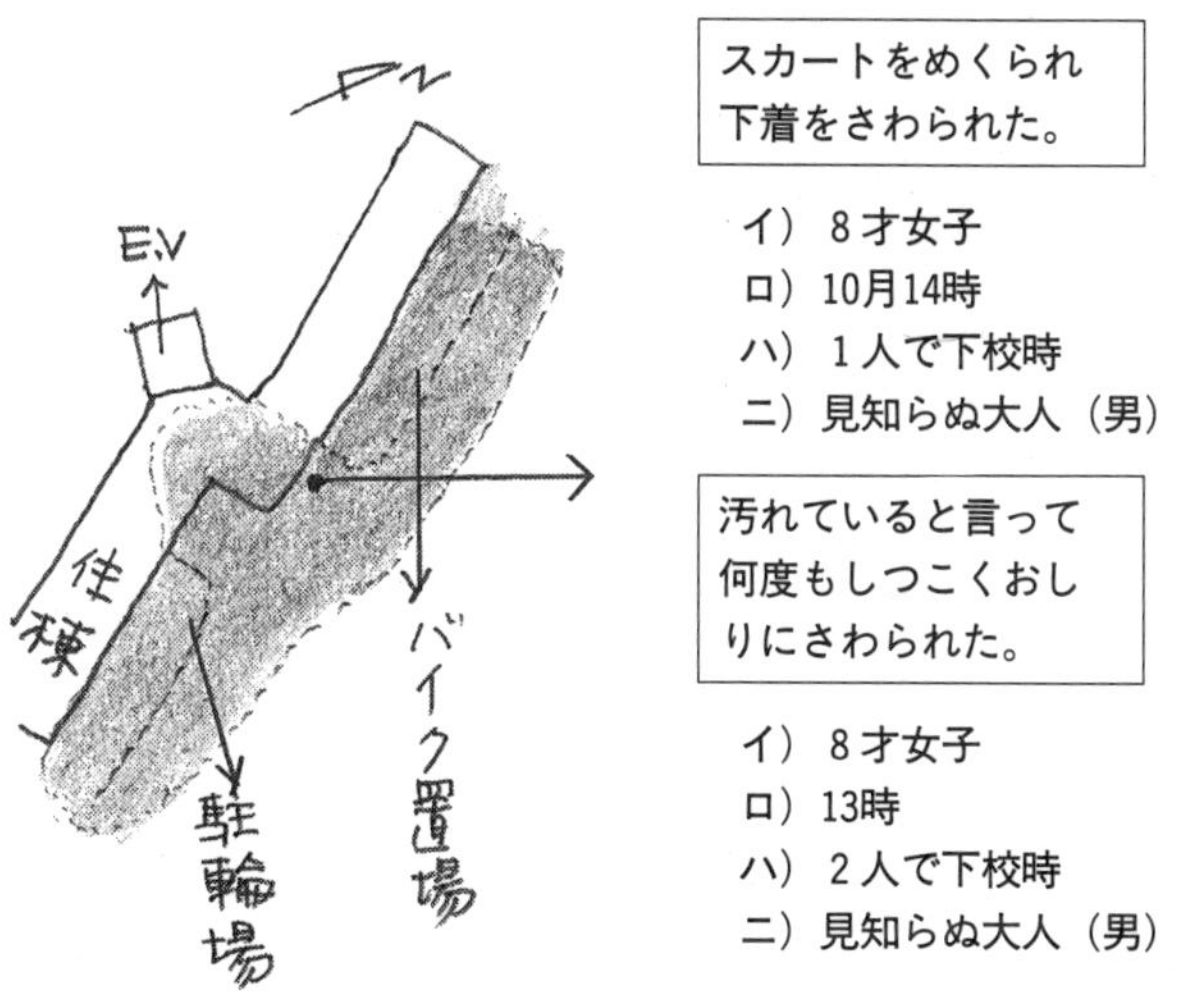
E.V
住棟
駐輪場
バイク置場
スカートをめくられ下着をさわられた。
イ） 8才女子
ロ）10月14時
ハ） 1人で下校時
ニ）見知らぬ大人（男）
汚れていると言って何度もしつこくおしりにさわられた。
イ） 8才女子
ロ）13時
ハ） 2人で下校時
ニ）見知らぬ大人（男）

の住棟の一階通路部分には、自転車やオートバイの駐輪を禁止する貼り紙がみられます。問題が深刻化していることは十分にうかがい知ることはできるのですが、住民にそのことが自覚され、対策が講じられる状況にはないことがわかります。過大な集住空間における自治活動のむずかしさを物語っているわけです。住棟の規模や棟数がもっと小さくなると、こうした問題の深刻さはやわらいできます。

空間管理の側面から、民主的で生き生きと活動する住民の自治組織を位置づけ、その視点から集合住宅団地の規模や空間の構成を再検討する必要があります。

駐輪場の管理はむずかしい。整理の状況をみると自治活動の様子がわかる。

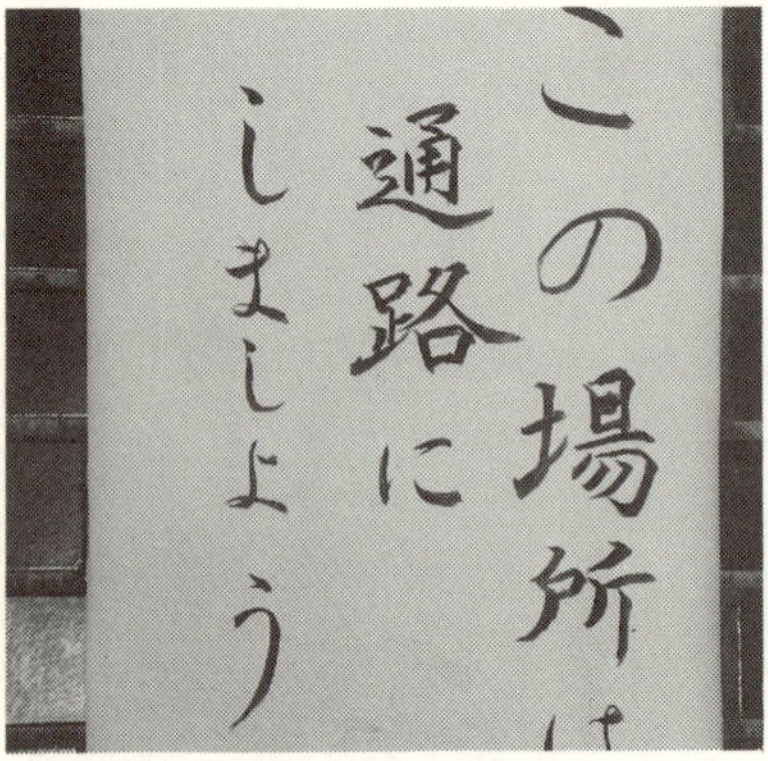

団地内のあちこちに団地自治会のこうした貼り紙が目につく。

Ⅴ 「一般市街地」の危険空間

33　見通しをさえぎる植栽

公園にブランコや滑り台や鉄棒を設置しなければならない時代は終わりました。それと同時に、公園に樹木を植えさえすればよいという時代も終わりにしなくてはなりません。公園の性格を考え、必要な場所に必要な樹木を植えていく必要があります。その場合、樹木は生きていて成長することに十分に配慮していく必要があります。

人間が居住環境に植物を取りこむようになってから長い歴史がありますが、むやみやたらに植物を植えてきたのではありません。それぞれの植物の特性を考えて選んできたのです。たとえば、風雪を防ぐために常緑樹を植え、地崩れが予測される地点にはしっかりと根を張る植物を、人々が通行する道には美しい花木を、屋敷内には食糧不足に備えて果樹を、それぞれ植えてきたのです。公園の樹木も、地域の自然的歴史的特性

樹木が鬱蒼と茂った緑地。

を十分に考慮して計画的に植える必要があります。最近の公園は、こうした面でずいぶんと改善がみられるようになりました。しかし、子どもに対する防犯という面からみると、まだまだ改善が必要な点が残されています。公園内に植えこまれた樹木によって、人々の視線がズタズタに切断されている場合があります。とくに、公園外周部の植栽のやりかたによっては、公園周辺の通行人や近隣住民の視線がさえぎられてしまいます。

図39は、公園外周部の植裁によって、公園内部への通行人の視線が完全に遮断《しゃだん》されてしまっている事例です。この公園で子どもが犯罪の危険にさらされています。

こうした空間では、大人の目の高さの視界をできるだけ広げることが必要です。このことによって公園周辺の大人によって公園が見守られるわけです。そのためには、大人の視線の高さに多くの枝を出し葉を繁らせる中木の配置には、十分な注意が必要です。大人の視界を確保するために、低木や高木を中心に配置すべきです。中木の配置が必要な場合でも、数十メートル

〔図39〕

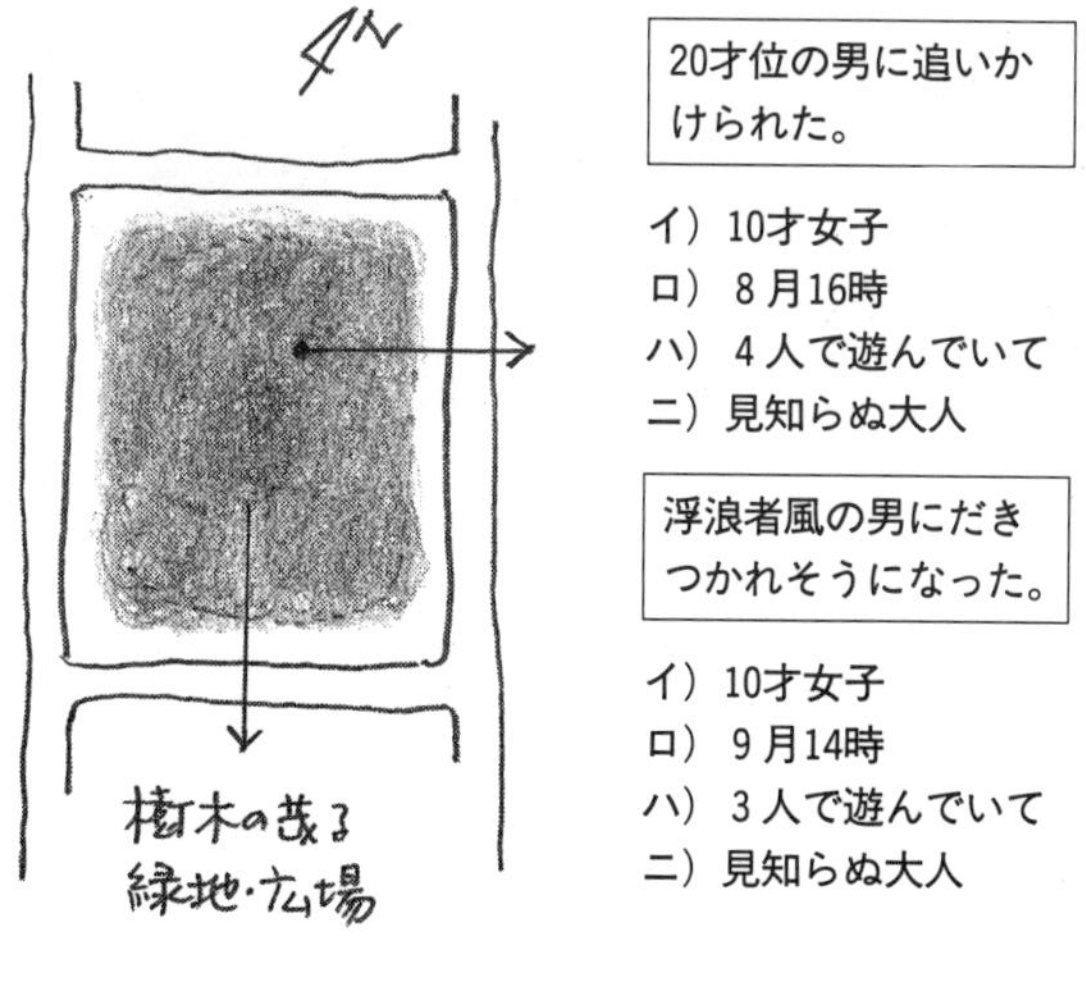
20才位の男に追いかけられた。
イ）10才女子
ロ）8月16時
ハ）4人で遊んでいて
ニ）見知らぬ大人
浮浪者風の男にだきつかれそうになった。
イ）10才女子
ロ）9月14時
ハ）3人で遊んでいて
ニ）見知らぬ大人
樹木の茂る
緑地・広場

も列植するようなことはさけて、途中に空間を配する工夫が必要です。最近では、こうした点でも改善がみられるようになってきましたが、その後の管理が不十分だとせっかくの改善もその効果を半減させてしまいます。管理されないままの低木は、やがて成長して人間の視線をさえぎるようになり、高木も、人間の目の高さにも枝を張り葉を茂らせます。建物とちがって植物は当初の姿にいつまでも止まっていることができません。植物の成長を見込んだ計画やその後の管理が必要なのです。

管理という点では、住宅団地の植込みがとくに問題をもっています。住宅団地の管理主体によって差がみられますが、公的性格の強い住宅団地ほど、団地内の植込みの管理状況は良くないのが一般的な傾向です。たとえば、地方自治体による住宅団地の植込みの管理は、同じ自治体による公園よりもはるかに劣っているようにみうけられます。公園には専門的な職員が配置されているのに、住宅団地にはそうした配慮が欠けている結果だと推測されます。こうした点での改善が必要になっています。

公園の入口付近。これでは公園内部は緑の密室だ。

楽しいはずの散策路も樹木の管理が不十分だと危険だ。

公営住宅の樹木の管理はきわめて不十分な場合が多い。

この住宅でもほとんど管理されていない。

公営住宅にくらべて市街地の公園の樹木は良く管理されている。専門的な職員の存在が大きいのだろうか。

34 盛土された公園

植栽は低木と高木を中心にし、一応の手入れもされているのに、その後の改造によってそうした配慮が生かされないで、犯罪が発生する公園があります。震災に備えて雨水槽を公園の地下に埋設《まいせつ》するなどの改造の結果、公園の地表が周辺道路より数十センチメールほど高くなることがあります。震災対策が注目されるようになってから、こうした公園をあちこちで見かけるようになりました。

　こうした公園では、かさ上げされた盛土の上に、低木と高木を定番《ていばん》のように配置しています。すると道路より数十センチ高いところに植えられた低木は大人の視線の高さになります。この場合は低木は不適です。建設当初から周辺道路より一段高くなっている公園にもこうした植栽がみられますが、それは論外ともいうべきでしょう。

〔図40〕

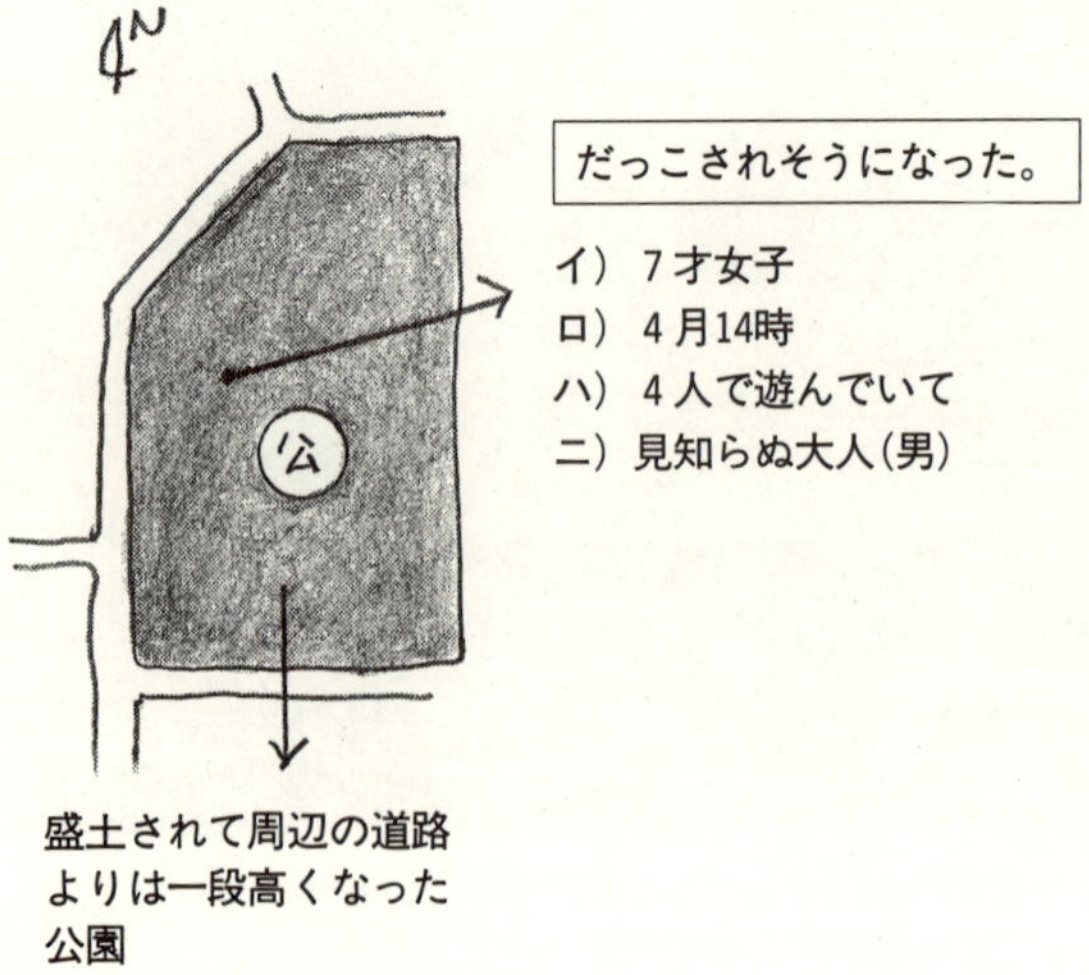
N
だっこされそうになった。
イ）７才女子
ロ）４月14時
ハ）４人で遊んでいて
ニ）見知らぬ大人（男）
公
盛土されて周辺の道路よりは一段高くなった公園

図40は、そうした公園の一つです。公園は盛土で高くなっています。周辺を行き交う通行人の目から公園内部が大変見づらくなっています。ここで子どもは犯罪の危険にさらされています。このような公園に適しているのはもっと背の低い草花などです。

公園や緑地の植栽とその管理については、子どもを犯罪から守る視点から一定の改善が進みつつありますが、それが現実の子どもたちの生活の視点から発想されていない弱点を、これらの事例は示しています。中木を排して低木と高木を植えておけば安全というものではないことを銘記したいものです。

盛土されたために、通行人の公園内部への視線を樹木がさえぎっている。これではせっかく植栽管理されていても無意味だ。

35 公園の遊具

公園の遊具も、それが子どもたちの姿をすっぽり隠してしまうような大型の遊具になると防犯上の注意が必要です。大型の遊具は、子どもの好奇心をかきたてますが、その構造と配置によっては公園内に犯罪の危険空間をつくりだします。周辺住民の視線を断ち切ることによって大型遊具の裏側で犯罪が発生しやすくなるのです。

中央公園など規模の大きい公園では、公園内の一部に障壁などで囲まれた小空間をつくって変化をもたせたりする工夫もみられますが、こうした手法も防犯上の配慮を怠ると犯罪の危険性の高い空間を生みだします。その他に遊具ではないのですが、公園内に震災時に備えて消防用具などを収納するプレハブ小屋が無造作に設置されて、安全性をおびやかしている場合があります。道路に面した入口周辺にこうしたプレハブ小

〔図41〕

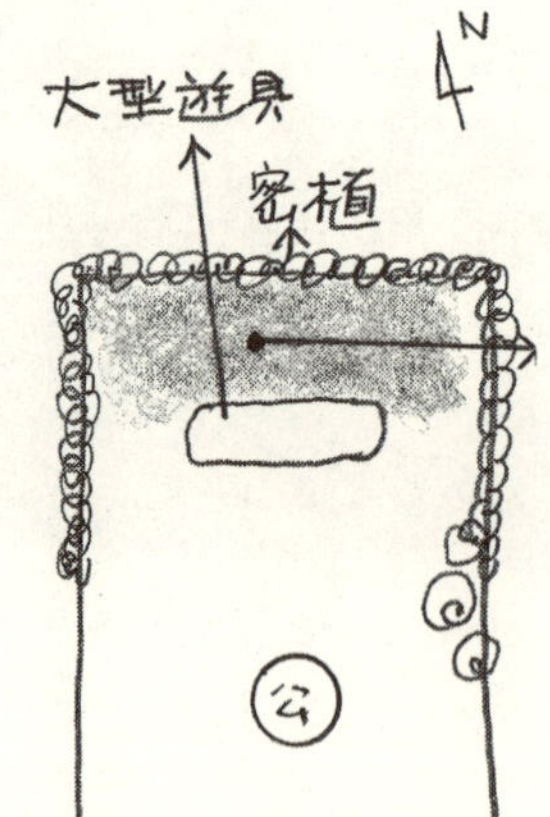

性器をさらわれた。

イ）7才女子
ロ）7月14時
ハ）1人で友達を待っていた
ニ）見知らぬ大人（男）

屋がつくられたために、内部が見通せなくなっている公園も発生しています。

図41、42はそうした公園の事例です。**図41**では、高さが子どもの背丈の三倍、幅が十メートル以上もある遊具が、あまり広くない公園の中央部にすえつけられています。**図42**では、公園の中央部に小高くつくられた丘の上に、周囲を障壁で囲った小空間がつくられています。こうした空間で子どもは犯罪の危険にさらされています。

これらの事例は遊具の規模や構造について、防犯面から十分に検討されなかったことを示しています。これからの公園づくりではこうした点の改善も必要になっています。

大型遊具の陰で子どもが犯罪にあっている。

〔図42〕

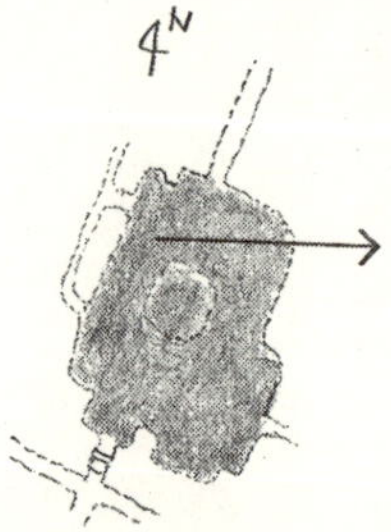

公園の中央部に、盛土
された小山の上につく
られた城壁

兄がなぐられた。

イ）11才男子
ロ） 8月13時
ハ） 2人で遊んで
いて
ニ）見知らぬ高校生

おどされた。

イ） 9才男子
ロ）10月16時
ハ） 4人で遊んで
いて
ニ）見知らぬ中学生

全体はゆるやかな傾斜のある広々
とした芝生空間であるが、中央部
に小高い山とその上に城壁がつく
られている。

［公園の断面］
城を想定してつくられたのであろ
う。城壁内からの見晴らしはいい
のだが、周辺で遊ぶ人たちからは
内部はまったく見えない。位置と
構造に工夫が必要だ。

小高い築山の上につくられた城壁。

広場で遊んでいる親子連れや保母さ
んに連れられた保育園児の姿は少な
くないのだが……。

36　公園に隣接する公益施設

公園が、それに隣接する公共施設と連携《れんけい》して一体的に計画されることの重要性については既述したとおりです。多くの場合、これらの施設は公共所有の同一敷地内に建設されるわけですから、関係者さえその気になれば比較的容易に実現できます（実際にはタテ割り行政の下でこうした事例は大変少ないのですが）。

　公園に隣接するのが民間の病院や福祉施設などの公益施設である場合には、公共施設ほど容易ではありませんが、地域社会の公益に資する施設という性格からみて、隣接する公園に対する配慮が期待されます。公益施設がもう少し公園に配慮して計画・管理されていたら防げただろうと思われる犯罪も少なくありません。

　図43は、そうした事例の一つです。ここでは公園に隣接して民間の医院があります。この医院に隣接する公園内の砂場で子どもが犯罪に遭遇《そうぐう》しています。医院

〔図43〕

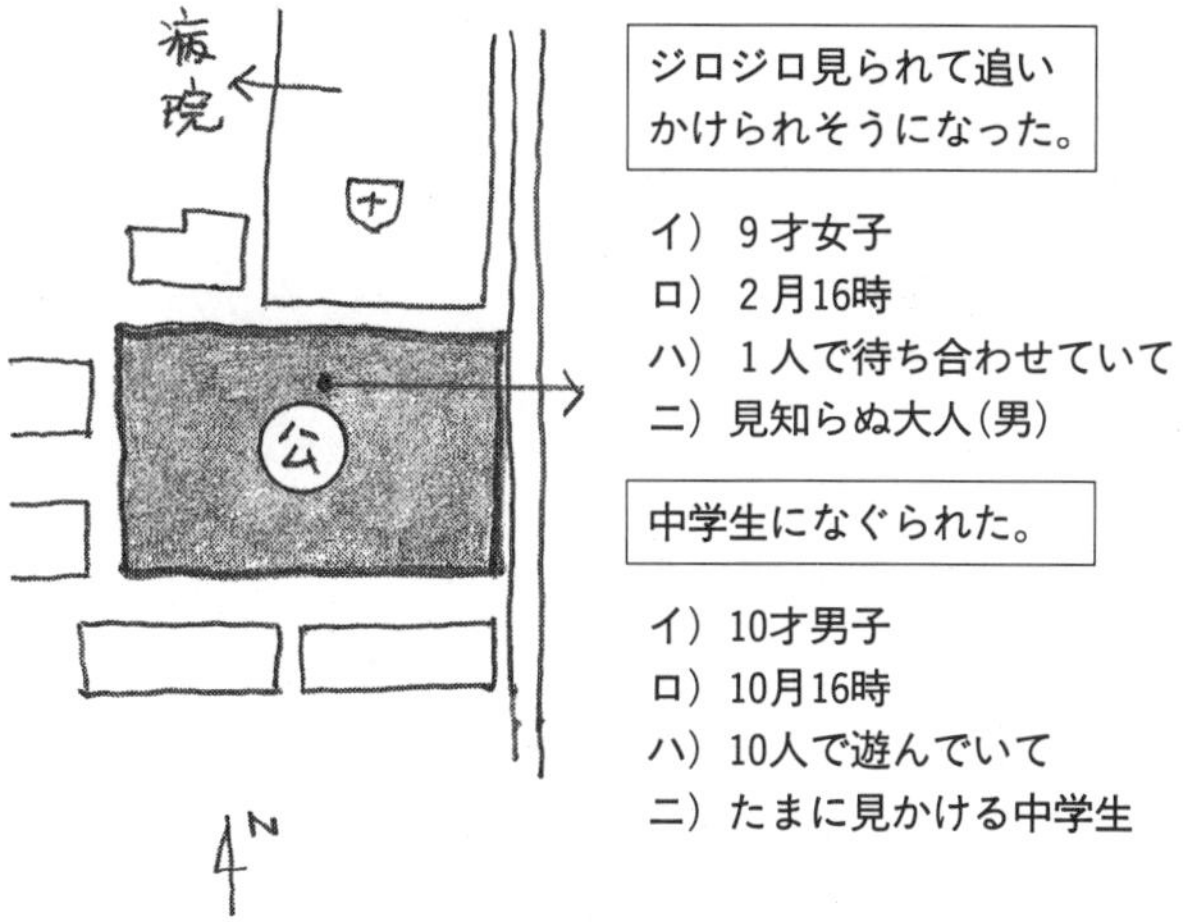
病院
公
ジロジロ見られて追いかけられそうになった。
イ）9才女子
ロ）2月16時
ハ）1人で待ち合わせていて
ニ）見知らぬ大人(男)
中学生になぐられた。
イ）10才男子
ロ）10月16時
ハ）10人で遊んでいて
ニ）たまに見かける中学生
N

の一階部分から数メートルしか離れていないのですから、医院で働く人々や来院者の目が行き届いていたら、きわめて安全な空間なわけですが、残念ながら、医院の物置が数軒無造作に並列配置され、公園との関係を断ち切っています。この物置があまり人目を意識せずにすむ空間をつくりだし、そこに砂場があるわけです。

最初から、民間の公益施設と隣接する公園とが一体的に建設されることは少なく、両者は別々に計画建設される場合が一般的です。しかし、こうした場合でも、隣接する公園（将来建設が予定されているという場合もふくめて）に対して公益施設が重要なかかわりをもっているという視点からの計画・管理の工夫が求められています。

周りに遊び場の少ない地域の子どもたちにとって、この公園は大切な空間だ。

公園の砂場は医院に隣接している。ここで子どもが犯罪にあっている。

この公園の南と西には公営住宅がある。公園と一体として計画されたと思われるが、これらの公営住宅は公園に対して北（裏）側と妻側しか見せていない。

医院の敷地にはプレハブ建築（物置？）が並んでいて、公園とのつながりを断ち切っている。

37 高架下の公園

都市の高密化は、道路や鉄道の立体化を推進します。その場合、地下よりも建設費が割安ということもあって高架が採用されることが多いのです。こうして、まちのあちこちに高架道路や高架鉄道が出現します。この高架道路や高架鉄道の地表部分に公園や広場が設置される場合が少なくありません。しかし、こうした場所に設置される公園や広場は、特別に防犯に対する配慮をしないかぎり、一般的には、子どもたちにとっては犯罪にあう危険性の大変高い空間なのです。

高架下の空間は日照や通風に劣る空間です。周辺の環境条件によっては昼間から薄暗かったりします。こうした場所の公園や広場には人々が喜んで集まってくることも少なく、人通りもまばらです。こうなると、高架下の公園や広場に隣接する建物も、この公園や広場とのかかわりを拒否するようになります。両者の間

高架下の公園。ここでは子どもたちもあまり遊ばない。犯罪の発生しやすい空間である。

〔図44〕

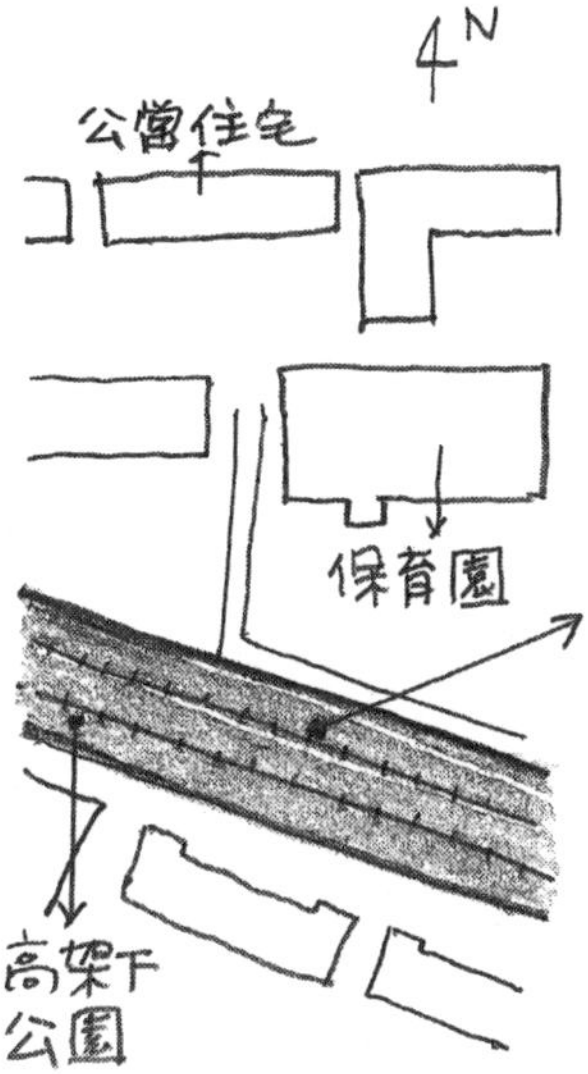

ナイフをもった男に金を出せとおどされた。

イ）10才男子
ロ） 4月17時
ハ） 7人で遊んでいて
ニ）見知らぬ大人

男に○○された。

イ）10才女子
ロ）10月16時
ハ） 2人で買物に行く途中
ニ）見知らぬ大人

犯罪の発生した高架下の公園は昼間でも暗い。

脚柱のあちこちに落書きが見られる。

を隔てる間仕切りとして、分厚い植栽帯や堅固な構造物が求められます。こうして過密化したまちの中に、地域の人々から見放された空間が発生するわけです。こうした場所に遊びにくる子どもは頻繁に犯罪の危険にさらされることになります。

図44は、そうした空間の一つです。この公園は昼間から薄暗く橋脚のあちこちに落書きがみられます。隣接する集合住宅との境界には完全に手入れを放棄された植込みが茂っています。明らかに、集合住宅の住民はこの公園とのかかわりを拒否しています。その結果、公園では子どもへの犯罪が多発しています。

高架化による居住環境の劣化対策の一つとして、高架下に公園や広場がつくられたことはわかりますが、地域住民があまり好まない高架下に公園や広場をつくることは再考が必要です。公園や広場は、どこにでもつくればよいという施設ではありません。これらの施設はまちのリビングルームとして、それにふさわしい場所に建設されるべきです。公園や広場を中心にしてまちが広がっていくといった発想が必要なのです。高架下に安易に公園や広場をつくることは、子どもたち

大都市では鉄道や道路の高架化が進む。高架下の空間には問題が多い。公園はどこにつくってもよいというものではない。

にとって犯罪の危険性の高い空間がまた一つ増えていくということなのです。

高架下の空間の活用は、高架鉄道の駅付近の商業的な施設をのぞけば、なかなかむずかしいものです。駐輪場や駐車場としての利用が無難とされていますが、この場合も管理人を置いたり、交通事故や騒音などに対する十分な環境対策が必要になります。

すでに高架下に公園や広場を設置している所では、次善の対策が必要です。公園や広場の他目的への転用や、それにともなう公園や広場の移転を検討することも求められます。それも困難な地域では、高架下の利用を高める工夫が必要になります。次善の策として高齢者のリクリエーション施設の導入などが考えられます。地域のお年寄りにこの空間の安全を守ってもらおうという試みです。そうやって高架下の居住性を高めている地域もあります。日中は、地域のお年寄りたちがゲートボールに興ずる姿がみられ、元気な歓声があがっています。周辺も美しく管理されるようになっています。周辺の建物も好意的にこの空間をみるように変わっています。

この高架下では、お年寄りたちがいつもゲートボールを楽しんでいるらしく、夕方になってもイスなどがきちんと片づけられている。

子どもたちもここを楽しい空間にしようと工夫している。

38 汚い公園

遊具が破損したまま放置されたり、あちこちにゴミが散乱していたり、無差別に投棄された不燃ゴミや生ゴミがゴミ箱からあふれでているような公園では、子どもは犯罪の危険にさらされています。こうした公園は地域住民にも見放され、迷惑施設にすら成下がっているのです。地域住民に愛され、利用され、大切にされることが、公園が公園の機能を果たしていける絶対的な条件なのです。

図45は、そうした汚い公園の一つです。遊具はほとんど使われず周辺にはゴミが散乱しています。ゴミ箱からは多種多様なゴミがあふれでています。周辺の建物もこの公園には背を向けています。ここで、複数の女子が犯罪の危険に遭遇しています。

公園が地域住民に大切にされていくためには、住民を管理や運営の主体として位置づけることが必要です。

〔図45〕

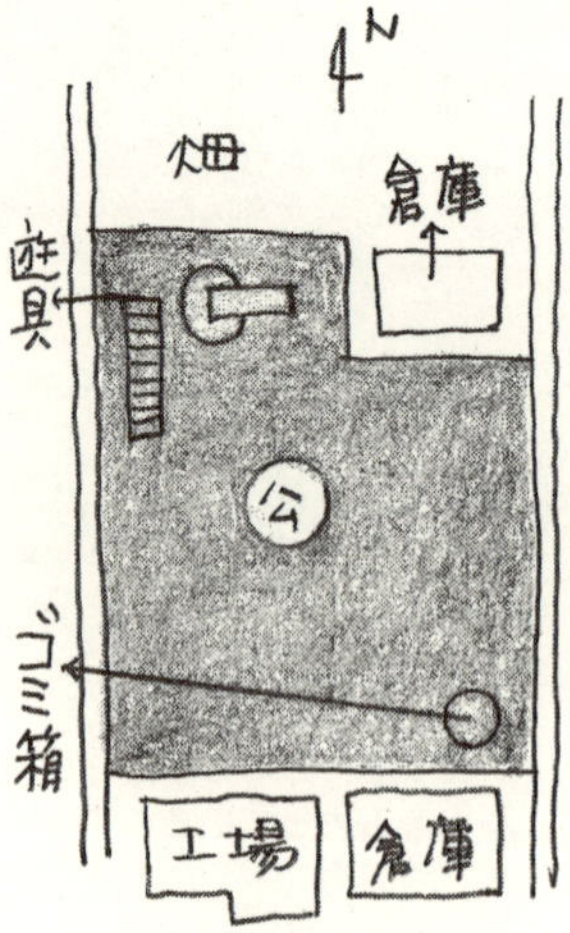

ゴミ箱や遊具周辺には
ゴミが散乱している。

いっしょに遊ぼうといって近づいてきた。

イ）９才女子
ロ）11月14時
ハ）６人で遊んでいて
ニ）見知らぬ大人（男）

体型のことをいろいろ言われた。

イ）11才女子
ロ）９月15時
ハ）２人で下校時
ニ）たまに見かける高齢者

地域住民が単に公園を利用するお客様であるだけでは、限界があります。公園が大切にされるには、住民自身が公園の管理運営の主体となり〝私たちの公園〟として意識する過程を準備する必要があります。そのためには公園の誘置圏《ゆうちけん》（利用が見込まれる範囲）に応じた住民による公園の見直し作業が不可欠です。子ども、父母、青年、高齢者、時には職場の代表も加えて、使いやすさや防犯の視点から、施設配置や管理運営のありかたを検討することが必要です。それを基本に行政が公園行政の見直しをすすめていくことが求められています。

燃えるゴミも燃えないゴミも散乱している公園のゴミ箱。これらの多くはコンビニ・ゴミといわれている。

39 蓋かけ緑道

水路に蓋《ふた》をかけ緑道をつくる、という方法があちこちでみられます。急激なモータリゼーションの進行によって生活の隅々までクルマが入りこんできた時代には、交通事故から歩行者を守る、歩行者復権の道路としてもてはやされました。その後、下水処理施設の普及とともに親水空間の消失として問題視されるようになっています。しかし、まだ、日本のまちのあちこちで蓋かけ緑道がつくられているのが現状です。

子どもを犯罪の危険から守るという視点からは、蓋かけ緑道は、どこにでも無条件に採用されてよいという施策ではありません。水路はもともと農業用水路として設置されたものがほとんどです。農業用水としての役割を果たすためにつくられたものなのです。時間の経過とともに農地が宅地化し、用水機能が不要になると下水道化して悪臭を放つようになりました。そう

〔図46〕

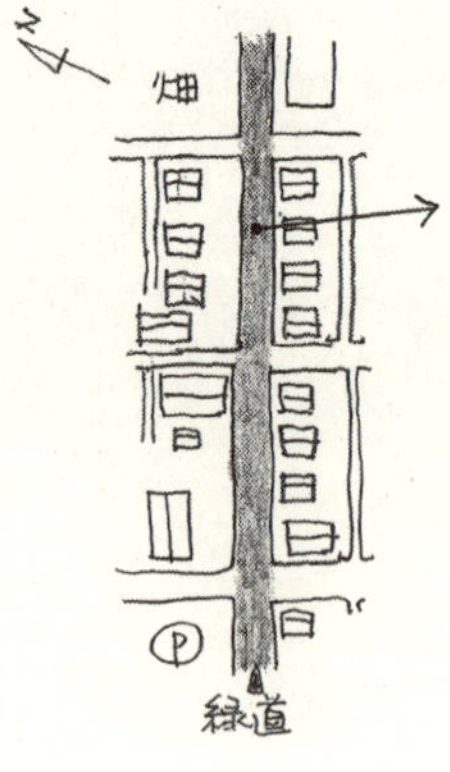

男に追いかけられた。

イ）11才男子
ロ）10月19時
ハ）１人で塾の帰り
ニ）見知らぬ大人

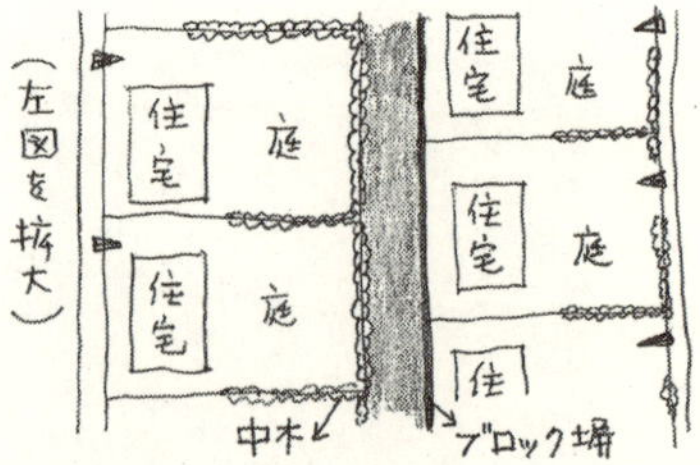

［蓋かけ緑道と周辺住宅］
もとは水路であった緑道には、どの住宅もアプローチするようにはなっていない。一時悪臭を放っていた水路には親近感が失われた。

いうわけですから、水路に面した住宅は水路に対して閉鎖的な対応をしている場合が少なくありません。もともと生活道路としては考えていないわけです。水路と宅地の境界空間に植栽を密にほどこしたり、堅牢《けんろう》な障害物をつくったりしている場合が少なくありません。こうして周辺の宅地から隔離された水路を緑道にすると、そこは子どもには危険な空間になるのです。周辺の住宅と一体となって有効に機能している蓋かけ緑道もありますが、危険な空間になっている蓋かけ緑道も少なくないのです。

図46はそうした危険な蓋かけ緑道の一つです。もともと水路だったこの緑道は両側の宅地から樹木やブロック塀で隔離されたり、緑道に接した住宅からも背を向けられています。樹木や建物に囲まれ幅員《ふくいん》もさほどない緑道は薄暗い感じさえします。ここで女子が何者かに数百メートルも追いかけられています。

蓋かけ緑道をつくる時には、周辺の状況を十分に検討し、防犯面からの対策を怠らないことが必要です。そのためには水路に面した住宅の側の協力が不可欠です。計画当初から住宅側の要望を採り入れることによ

住宅の北（裏）側と生け垣にはさまれて、緑道は昼間から暗くて危険である。

って、住宅側からの緑道づくりへの接近の可能性を探っていく必要があります。時間をかけて住宅側との一体感を醸成《じょうせい》し、楽しくて安全な歩行者優先道路のネットワークを育てていくことが期待されます。

その一方で、水路に蓋をかけて安直に緑道をつくるのではなく、水路の親水空間としての再生も十分に検討すべきです。親水空間として再生する場合にも安全面からの検討は当然必要になります。もともと水路は親水空間としてつくられたのではないのですから……。

ブロック塀と畑にはさまれた緑道。

40 路上駐車

公園の周辺道路にクルマが路上駐車されると、その公園は大変危険になるということは指摘しました。しかし、路上駐車によって、子どもたちへの犯罪の危険が増大するのは、公園の周辺だけではありません。路上駐車のクルマが列をなしている道路では、沿道の建物の用途によっては、建物とクルマに挟まれた空間（主に歩道部）は危険な空間になります。路上に駐車されたクルマの列が、歩道を歩く子どもを周辺の人々から隠してしまうわけです。この場合、歩道側の建物が人の出入りの少ない建物だと、さらに危険です。そして路上駐車の多い道路に沿った建物には、居住性の低いものが多くみられます。

図47はそうした空間の一つです。沿道の建物の一階部分には、倉庫や車庫などが多く、利用時間が限られ、日常的に仕事をする人々の姿をみかけることは少なく

〔図47〕

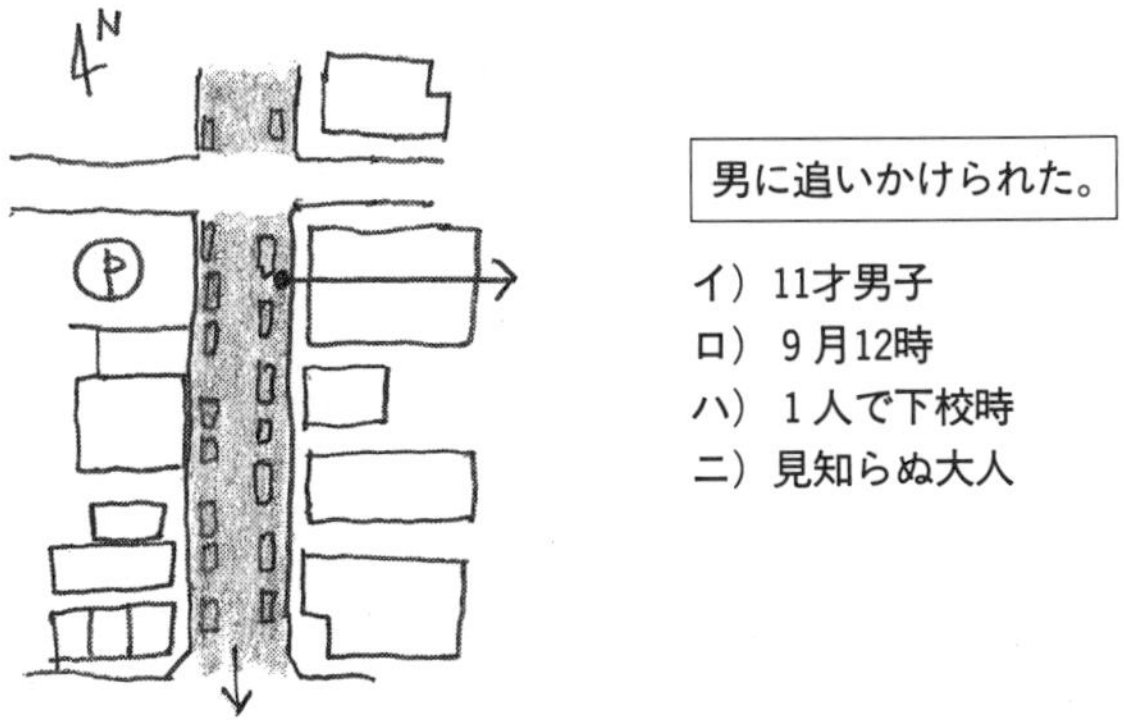
N
P
男に追いかけられた。
イ）11才男子
ロ） 9月12時
ハ） 1人で下校時
ニ）見知らぬ大人

両側には自動車への依存度が高い業種が多く、狭い歩道をはさんで路上駐車の自動車が並ぶ。

なっています。道路上には路上駐車のクルマが列をなしています。両者にはさまれた歩道で子どもが犯罪の危険にさらされています。

　こうした場所では路上駐車を少なくする対策が必要なわけですが、クルマへの依存度の高い中小零細企業が集中する地区では、路上駐車はさけられないかもしれません。そうした場所では、建物の一階部分の居住性を高めていくような工夫が必要です。ところどころにその地区に出入りする人々が利用できる喫茶店や、戸外を見通せる食堂などの配置を地区全体で考えていくことも必要なのです。

歩道をはさんで路上駐車の車が並んでいる。

建物と路上駐車の車にはさまれた歩道は危険な空間なのだ。

建物の１階部分は荷捌き場などに使われていて、一時をのぞいて人影はまばらになる。

こうした場所に、地域の住民が集まる明るい雰囲気の喫茶店や美容院などがあるといい。

41 大規模な無人駐車場

郊外の土地区画整理区域などでは一時的な土地利用として、大規模な駐車場が散見されます。バブル経済がはじけた昨今では、都心地域でも、地上げされた遊休土地の一時的な利用として相当規模の駐車場がみうけられます。こうした駐車場は、一時的で過渡的な土地利用ということもあって管理が十分ではありません。駐車場への出入口に無人の料金徴収所があるだけで、管理人も不在というのが一般的です。こうした大規模な駐車場で子どもたちが犯罪の危険にさらされています。何かの拍子に駐車場に入りこんで事件に遭遇しているというわけです。

図48はそうした駐車場の一つです。ここは区画整理区域で、周辺は建物で埋まってきていますが、この地点に百台以上も収用可能な駐車場があります。駐車場への出入りは自由で管理人はいません。いつも満車と

〔図48〕

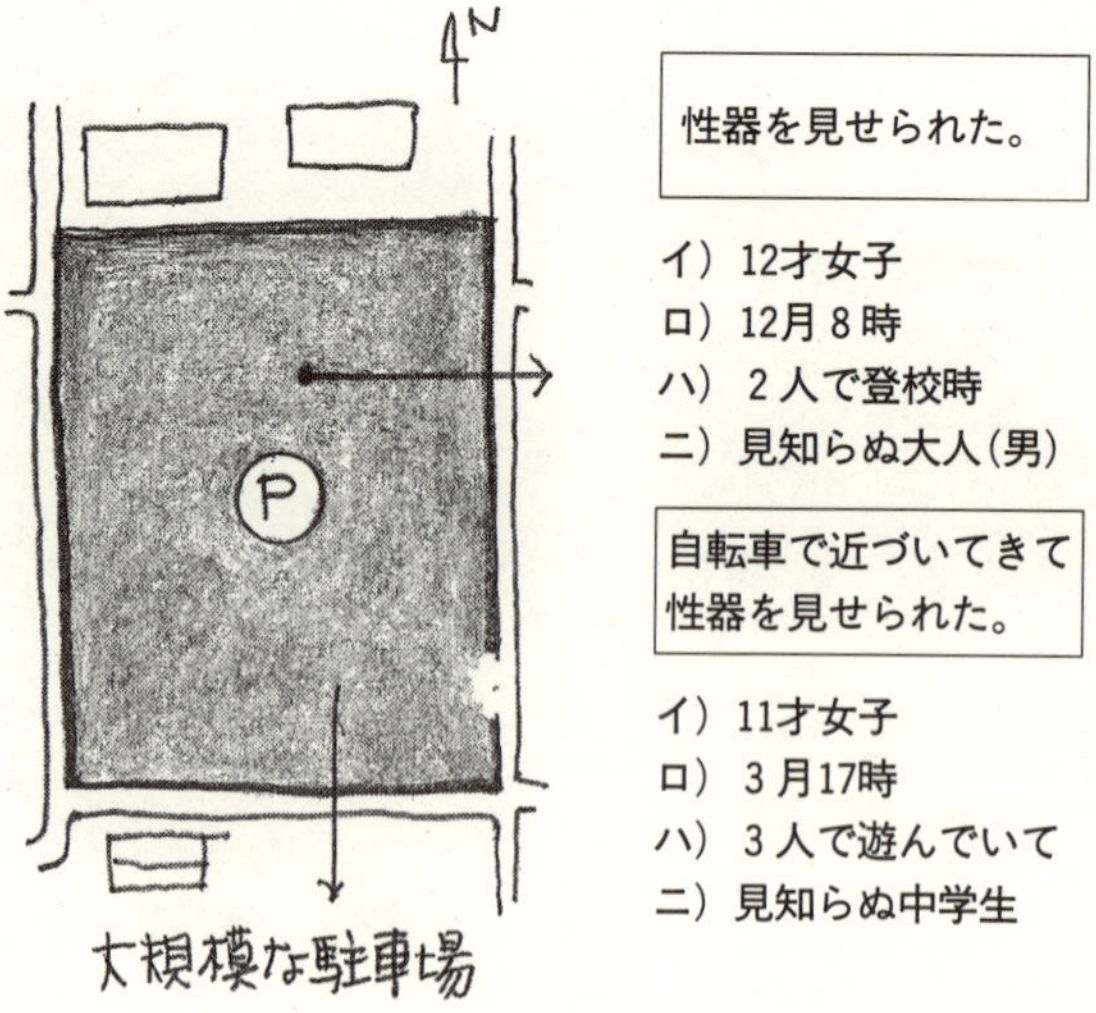

N
P
大規模な駐車場
性器を見せられた。
イ）12才女子
ロ）12月 8 時
ハ） 2 人で登校時
ニ）見知らぬ大人(男)
自転車で近づいてきて
性器を見せられた。
イ）11才女子
ロ） 3 月17時
ハ） 3 人で遊んでいて
ニ）見知らぬ中学生

いうわけではなく、ところどころに相当台数の空き空間が存在します。クルマの高さは子どもの背丈ほどはありますし、とくにワゴン車などの大型自動車になるとすっぽりと子どもの姿を隠してしまいます。

一時的で過渡的な存在とはいえ、大規模な駐車場には、日常的な管理に対する配慮がもっとなされなければなりません。出入りのチェックや夜間照明などの設備のほか管理人の常駐がきわめて有効だといえます。

市街地のなかにポツンと存在する無人駐車場は危険な空間の一つだ。
規模が大きくなればなるほど危険度も増す。

42　無人化する交番

世界でも日本の都市が安全だとされてきた要因の一つに、まちのなかに網の目のように張りめぐらされた派出所や交番の存在があげられます。これほど細かく警察が配置されている国は世界でもめずらしいといわれています。もちろん、そのような派出所や交番が、住民の生活状況をくわしく把握しておくという公安的機能を色濃くもっていたことは否定できませんが、一方で、住民の生命と財産を守る防犯上の重要な役割を果たしてきたことも事実です。

ところが、最近、急速に派出所や交番の無人化が進んでいます。地域全体を広域的にパトロールする警察官の一時立ち寄り所に変わりつつあります。交番には、「○時ごろに立ち寄ります。緊急の場所は○○番に電話をください」といった立札が置かれているだけで、警察官の姿は見えません。これでは「○時まではこの

〔図49〕

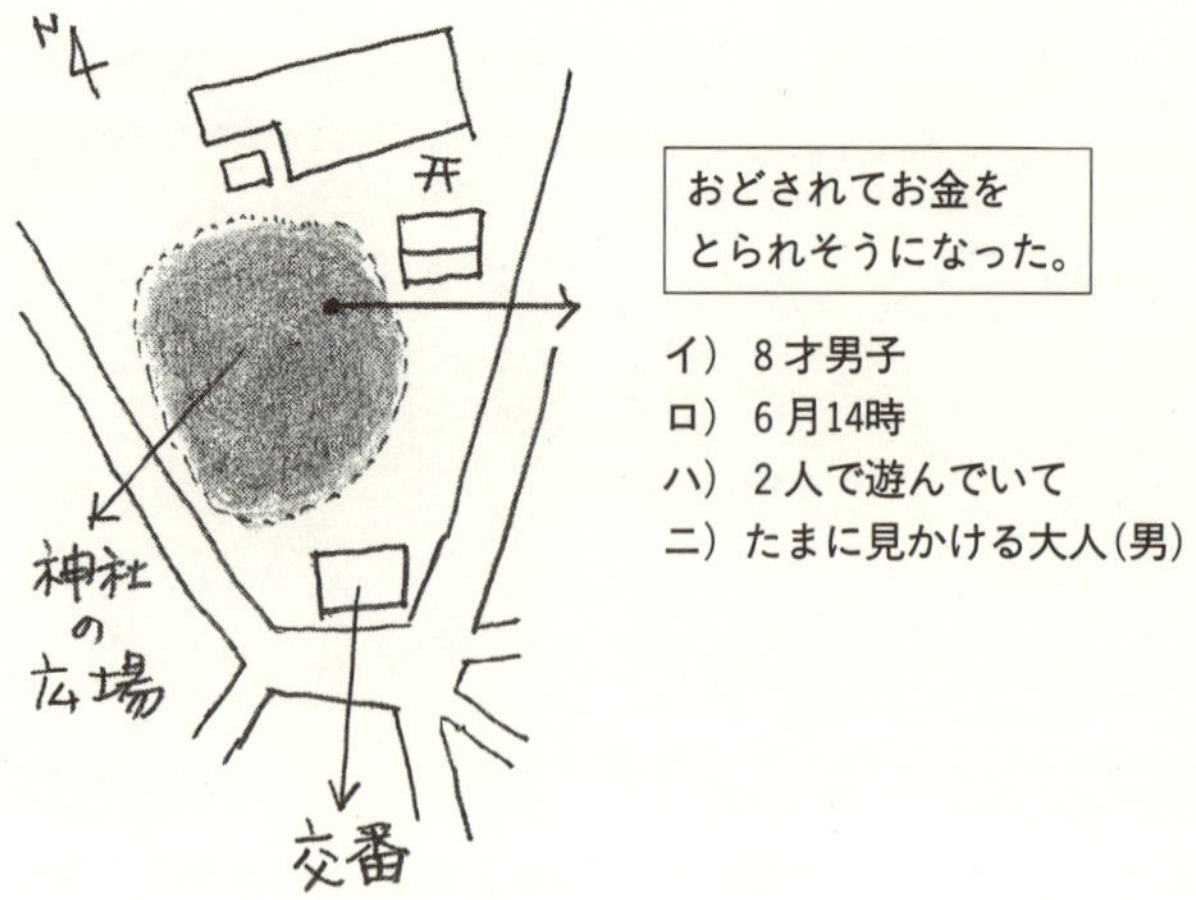
神社の広場
交番
おどされてお金をとられそうになった。
イ）8才男子
ロ）6月14時
ハ）2人で遊んでいて
ニ）たまに見かける大人(男)

地区には警察官はいません」といっているのと同じなわけです。

図49はそうした交番の一例です。この交番の背後には神社と小さい広場があります。この広場は交番に守られて安全だったはずですが、ここで子どもが恐喝されています。交番が無人化され存在意義を失っているわけです。

地域で子どもを犯罪から守っていくためには、派出所や交番の役割を見直すことが必要です。犯罪が発生してからの検挙率を競うだけでなく、犯罪を未然に防ぐ防犯力の高さを競うように警察活動のありかたを見直すことが大切です。

神社の広場の前にある交番。無人化されていて、たまに警官がパトロールしてくるだけになっている。

43 観光スポット

住宅地といえども住宅だけで成り立っているわけではありません。住宅以外にも人々の生活にかかわるさまざまな空間が存在し、まちの姿がつくられています。しかし、日常生活とは距離のある異質な空間が不用意に住宅地にまぎれこむと、まちは危険な様相を呈してきます。その一つに、地域の活性化策の一つとして観光資源が掘りおこされ、住宅地の真ん中に突然、観光スポットがつくられるような場合があります。観光施設のような広域から不特定多数の人々が訪れる施設が、そうしたものに無関係だった住宅地に建設されると犯罪の危険が増大することになり、対応策が必要になってきます。

図50はそうした事例の一つです。地域を流れる川が浄化され、川の両岸は美しく整備されています。ここまでで止めておけば、その地域の住民の生活に潤いを

〔図50〕

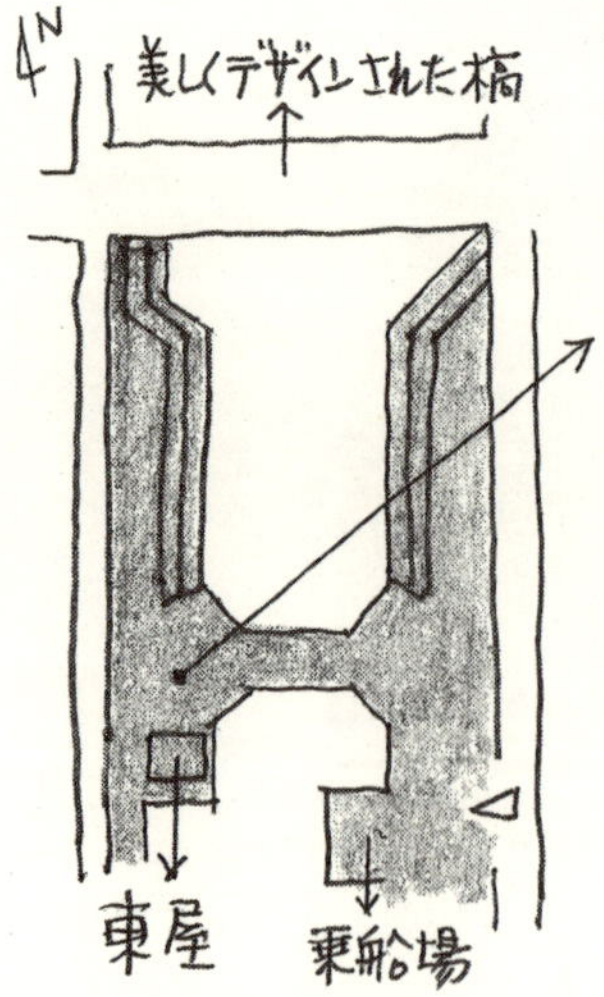

おどされた。

イ）12才男子
ロ）10月12時
ハ）４人で遊んでいて
ニ）見知らぬ大人（男）

なぐられそうになった。

イ）９才女子
ロ）不明
ハ）４人で遊んでいて
ニ）見知らぬ中学生

あたえるようになったのでしょうが、この川に遊覧船を走らせるという観光資源としての活用がすすめられることになりました。こうなると地域住民だけではなく、もっと広域から訪れる不特定多数の観光客が楽しむということになります。川岸のところどころには船着き場が設けられ、小さな観光スポットが出現することになります。ここにはさまざまな人々が集まってきますが、住宅地として発展してきた地域は、こうした施設にはまったく無防備なわけです。こうした場所で子どもたちへの犯罪が発生しています。

住宅地にこうした観光スポットがつくられることには賛否両論があるでしょう。住宅地にはこうした異質な空間をつくるべきでないという考えもありますし、さまざまな人々との交流を楽しむべきという考えもありましょう。どちらの考えかたをとるにしても、そのままでは犯罪の危険が増大するわけで、とりわけ子どもを危険から守るための対策が必要です。この事例の船着き場のような空間では、日常的にその空間を管理する人間の配置が有効です。

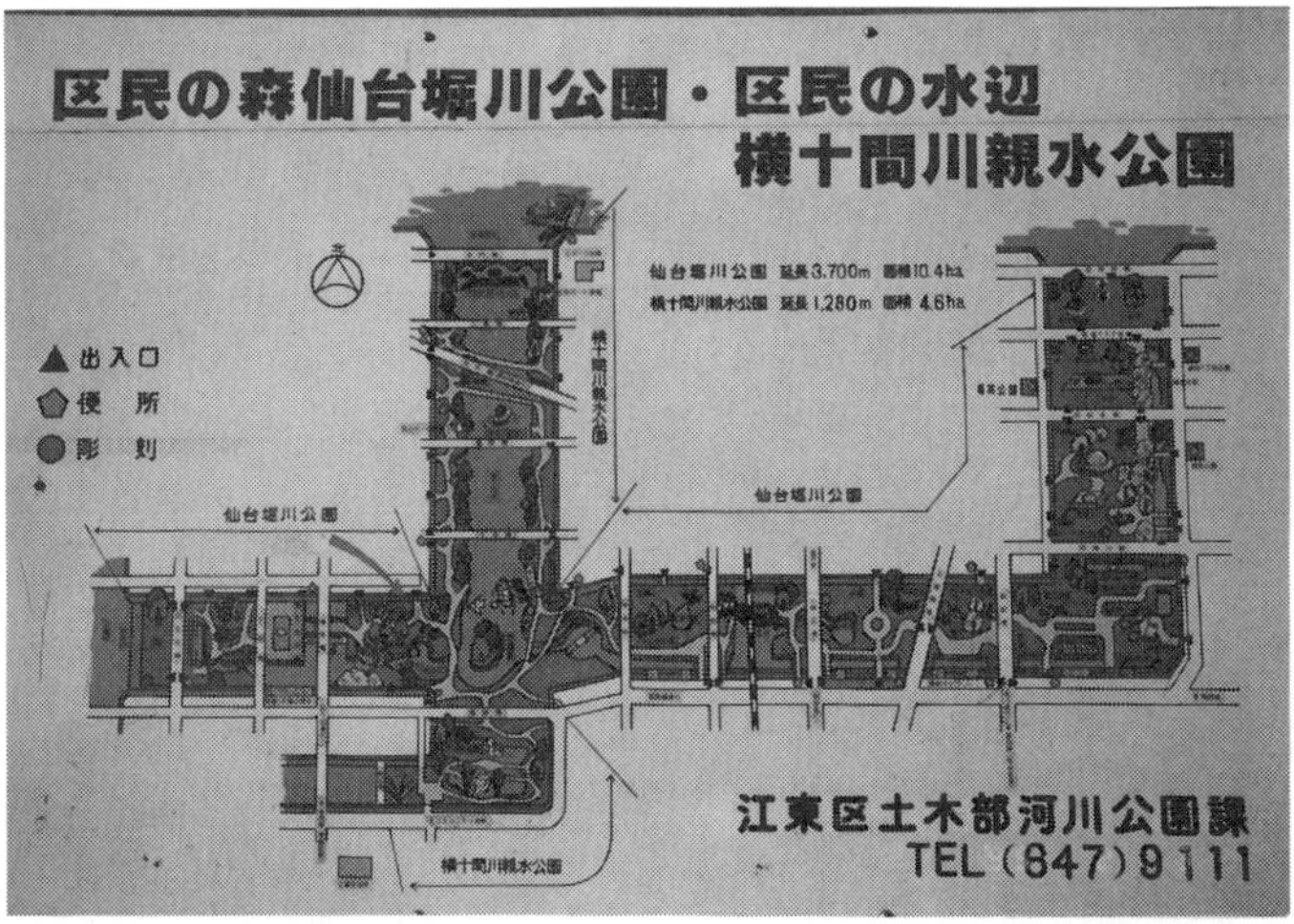

都心の河川の親水公園化が進む。しかし、これをただちに観光化に結びつけると問題も少なくない。

親水公園化された河川では水上ボートなどの観光施設が無造作に提案される。

乗合の観光船も出現する。しかし、乗船場付近の防犯については必ずしも配慮されていない。

乗合の観光船（通称・水上バス）から見た沿岸の風景。乗船場の位置については周辺の土地利用もふくめて十分に注意したいものだ。

44 大規模な閉鎖型建築物

住宅地の道路は、子どもにとっては、通学に利用するなど大切な日常生活の空間です。したがってその沿道の建物は、子どもたちに対して大切な役割をもっています。その用途や形態について一定の配慮が必要なのです。そうした配慮にいちじるしく欠ける建物が存在すると、沿道は子どもにとって危険な空間になります。そういったものとして、道路に向かってほとんど開口部をもたない大規模な閉鎖型建築物があげられます。

そうした建物の典型として、工場や大型の倉庫がありますが、大規模店舗やオフィスビルもそれにあたる場合があります。これらの建築物は正面の出入口部分は開放的でも、他の三面はきわめて閉鎖的な構造になっています。道路がこの閉鎖的な側面に接していると、その道路は大変危険になります。建築物の高さには規

〔図51〕

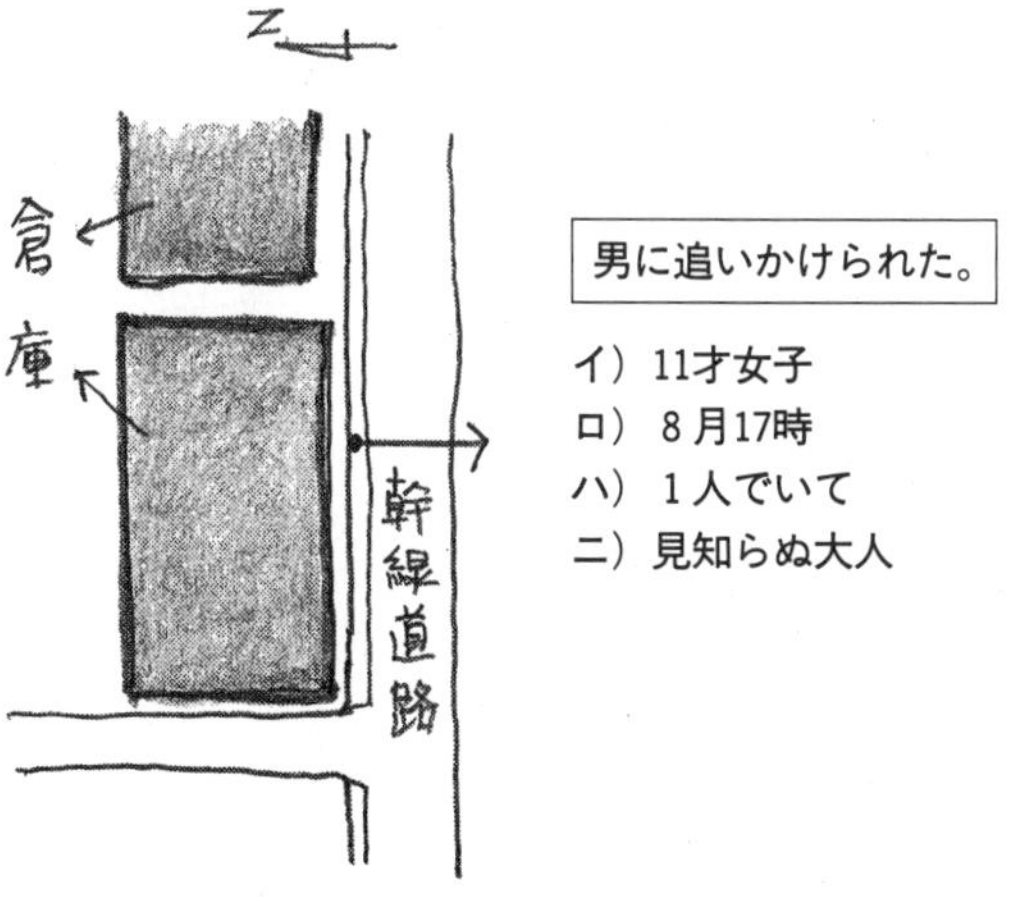
N
倉庫
幹線道路
男に追いかけられた。
イ）11才女子
ロ）8月17時
ハ）1人でいて
ニ）見知らぬ大人

制があっても、幅や長さには規制がほとんどないこともあって、こうした空間は比較的容易に出現します。

図51はそうした空間の一つです。延々と続く倉庫の壁に接するこの道路は大変危険です。ここで子どもが犯罪の危険にさらされています。

個々の建物は自己完結できる存在ではありません。その一つ一つがまちを構成する重要な要素なのです。そうした視点から建物の用途や配置、さらには空間の構成が再検討される必要があります。

歩道に面して延々と続く倉庫の壁。建物は一つ一つがまちを構成する重要な要素だということに留意して、配置や構造を考えるべきだ。

45 広域性の大規模商店

集合住宅団地に大規模な商業施設が併設される場合の危険性については、すでに検討しました。団地に限らず一般の住宅地でも、同じことが指摘されています。図52はそうした事例の一つです。この地域は住宅地域ですが、あちこちで戸建て住宅が中層の集合住宅に姿を変えています。そんな集合住宅の一階部分を、八百屋や魚屋のような近隣住民を顧客とする個人商店ではなく、もっと広域的な買物客を対象とする大規模なスーパーマーケットが専有しています。いわゆるゲタバキ中層住宅です。このスーパーの周辺で子どもたちに対する犯罪が発生しています。

近隣住民が日常的に利用する個人商店は、地域で子どもたちを守っていく役割を果たしているわけですが、規模の大きいスーパーなどの商業施設は、逆に子どもに対する犯罪の危険性を誘発する要因になっています。

〔図52〕

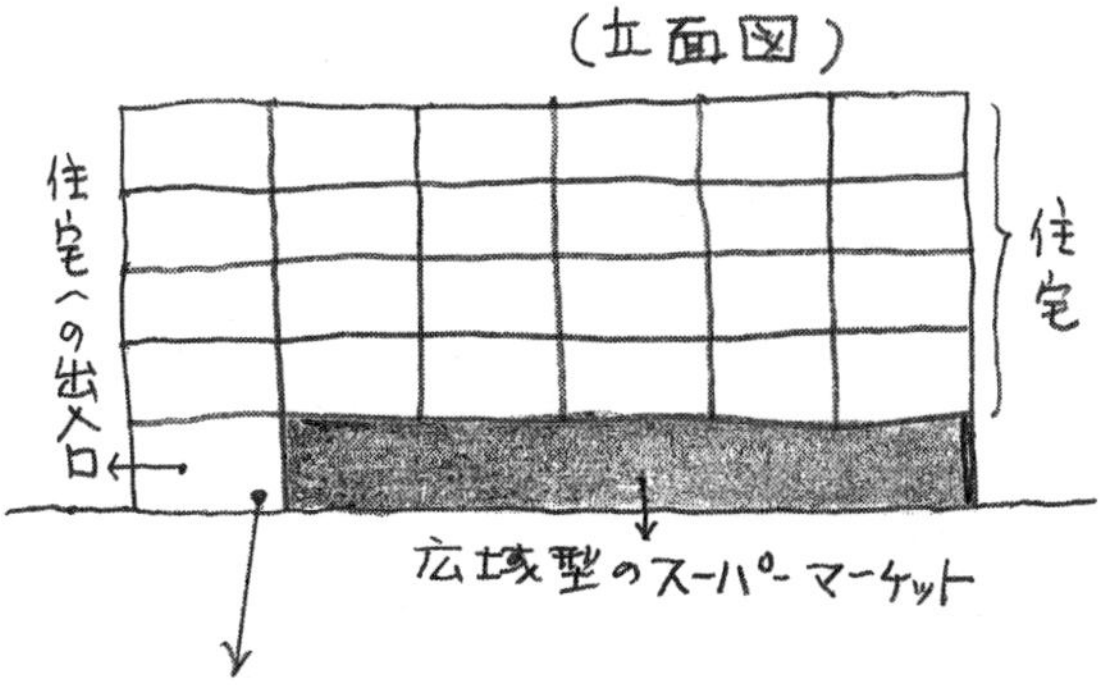

男に追いかけられた。

イ）10才女子	イ）12才男子
ロ）12月	ロ）10月
ハ）２人でいて	ハ）１人でいたとき
ニ）見知らぬ大人	ニ）見知らぬ大人

こうした犯罪に無防備な住宅地に、大規模な商業施設を建設することには十分な検討が必要です。子どものために安全な生活空間をつくるという立場に立てば、大規模な商業施設を立地できる地区はきびしく限定されるべきです。多くの住宅地でこうした施設の立地が許される現状には再検討が必要です。

戸建て住宅が中層の集合住宅に建て替えられると、その1階部分に比較的規模の大きいスーパーマーケットが出現することが多い。

46　単身者用アパート

この章では、一般市街地の代表的な危険空間をとりあげて検討してきましたが、最後に、既成市街地にひそんでいる見のがされやすい危険空間について検討します。その一つが単身者用のアパートです。

子どもたちの生活空間である、公園や広場や道路などと住宅との位置関係が、子どもを犯罪から守るためには大切なことはすでに検討してきました。しかし、住宅が子どもたちの生活空間と好ましい位置関係（たとえば住宅の南面に公園や広場がある）にあっても、その住宅の居住者の属性によっては問題が生じます。子どもの戸外での生活時間には居住者が不在で窓のカーテンが閉じられたままの住宅では、せっかくの位置関係も意味がありません。

図53は、そうした点で問題のある住宅です。この住宅の南面にある公園で子どもが犯罪の危険にさらされ

〔図53〕

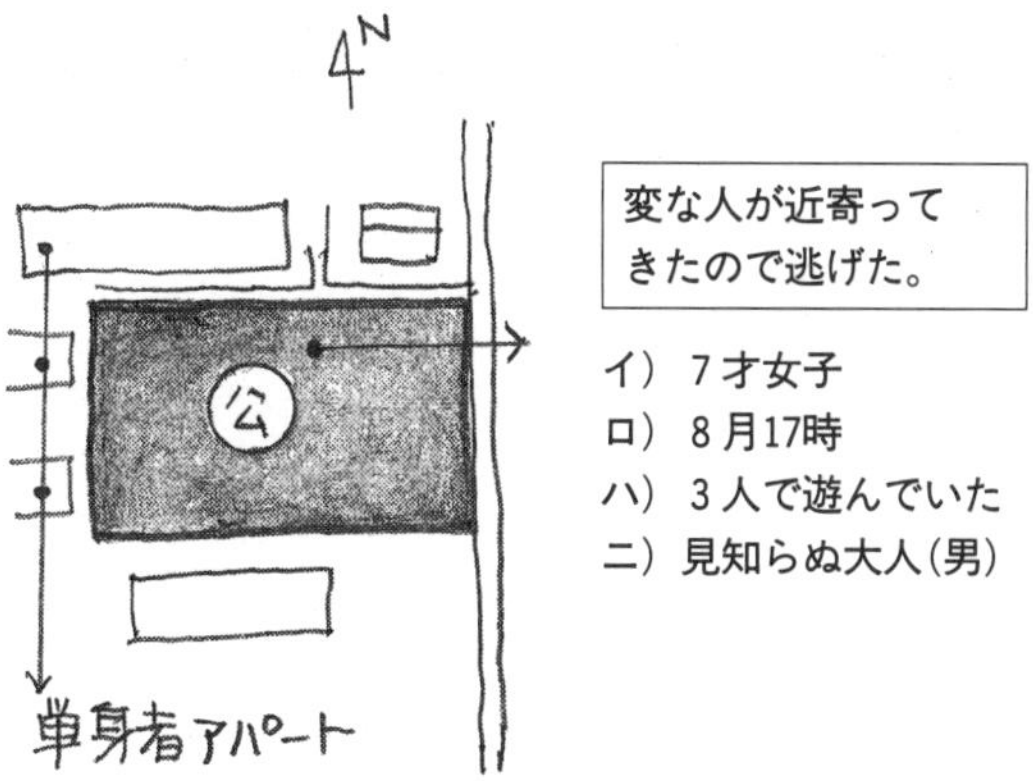
N
公
単身者アパート
変な人が近寄ってきたので逃げた。
イ）７才女子
ロ）８月17時
ハ）３人で遊んでいた
ニ）見知らぬ大人(男)

ています。この住宅は、若者向けの単身者用アパートになっています。昼間はすべての住戸の窓はカーテンが閉じられ、居住者の姿を見かけることはありません。せっかくの良好な位置関係もこれでは生かされないわけです。これが高齢者も生活する、昼間でも居住性の高い住宅だったら、位置関係が生きてきます。道路や公園の安全性を点検する場合には、それらに隣接する建物に居住する人の属性を考慮する必要があります。

単身者用アパートでは昼間人影を感じることはほとんどない。

47　戸建て住宅の居住性の低い二階

　二階建ての戸建て住宅の居間側（多くは南面）に位置する公園や広場や道路でも、子どもが犯罪にあっている場合があります。こんなケースでは、必ずといってよいほど生い茂った生垣などによって、住宅の一階部分が外部の子どもの生活空間と隔てられています。二階部分は子どもの戸外生活の空間に開放されているのですが、そこには昼間人影を見ることはほとんどありません。戸建て住宅の二階部分は寝室だったり子ども部屋だったりして、居間や台所のある一階部分と比較すると、昼間の居住性はきわめて低くなっています。老夫婦だけで暮らしている家などでは、二階は日常的にはほとんど使われていないことも少なくありません。

　図54は、そうした事例の一つです。この公園は、二つの面が戸建て住宅の居間側に位置するという恵まれた配置にありながら、あまり安全な公園になっていま

〔図54〕

中学生におどされた。

イ）８才女子
ロ）10月15時
ハ）２人で待ち合わせ
ニ）見知らぬ中学生

男に追いかけられた。

イ）10才女子
ロ）12月17時
ハ）５人でいたとき
ニ）見知らぬ大人

公園の東側には戸建て住宅があるが、1階はブロック塀で遮断され、2階の窓は雨戸が閉じられたままだ。

公園に南面する好位置にある戸建て住宅の2階の雨戸は昼間から閉じられたままだ。

同じく昼間からカーテンを下ろしたままの戸建て住宅。

おまけに1階部分は生け垣などで公園との関係を断ち切っている。

せん。主な生活の場である一階部分とは生垣によって遮断《しゃだん》されています。二階は、昼間でも雨戸が閉められています。

二階建ての住宅とはいえ、外部空間と直接的なかかわりをもっているのは一階部分なのです。住宅の一階部分と外部空間とがかかわりを保てるように、まちづくりをすすめていく計画が求められています。

高齢者は地域の子どもの守り神だが、高齢化が進むと2階は使わなくなる。1階がまちとどう係わるかが、まちづくりの基本なのだ。

48　中・高層集合住宅の直下の道路

あまり広くない敷地に中・高層の集合住宅を建てる場合、日照条件との関係で敷地の南側にギリギリに寄せて建物を建てることが少なくありません。こんな場合、敷地の南側に接して道路が存在すると、この道路は犯罪に対しては弱いものになります。集合住宅の一階住戸は、プライバシーを守り犯罪を防ぐために、目隠しの植栽や堅牢な障壁を設けて目の前の道路とのかかわりを断とうとします。二階以上の住戸からはベランダ越しに直下の道路を視野に入れることは困難です。前面道路の通行人からみれば、この集合住宅は、一階部分を植栽や障壁でぐるぐる巻きにした巨大な障害物にしか過ぎません。こうした空間がまちのなかに増えています。

図55は、そうした空間の一つです。こうした空間では、犯罪の危険に遭遇したら、大声を出すなどの対応

〔図55〕

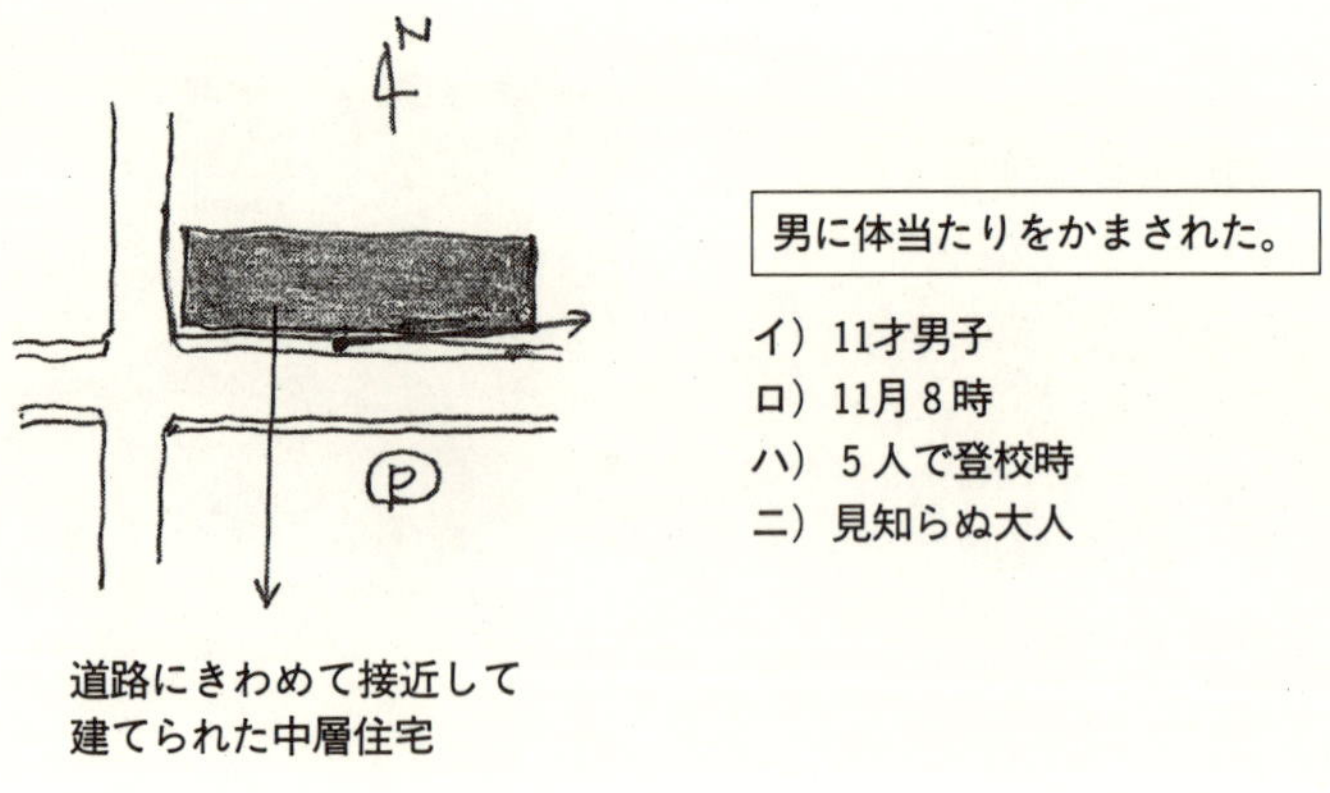
男に体当たりをかまされた。
イ）11才男子
ロ）11月 8 時
ハ）5人で登校時
ニ）見知らぬ大人
道路にきわめて接近して
建てられた中層住宅

が考えられますが、とっさにそうした行為が誰にでもとれるものではありません。やはり建物をつくる段階での対策が必要です。

住宅と前面道路との間に、お互いに配慮した良好な関係をつくるためには、どのくらいの間隔が必要なのかといったことについては定説はありません。前面道路の性格によっても異なってくるでしょう。しかし、少なくとも、こうした高層集合住宅を、通過性の強い幹線道路から十メートルも間隔をおかずに接するような形で建てたりすることはさけなくてはなりません。

道路にあまり接近しすぎて集合住宅が建てられると、１階は植栽や障壁で完全に目隠しされ、２階以上はベランダの壁しか見えなくなる。

49　幹線道路に接するミニ住宅

子どもへの犯罪の危険性からみると、ミニ住宅は必ずしもマイナス要因だけではありません。むしろ大邸宅が並ぶ通りよりも、居住者の生活が表出しているので、前面道路の安全性を高めている場合も少なくありません。しかし、こうしたことが言えるのは、前面道路が生活道路（主として地域住民の生活に供する道路で、あまり自動車の通過がない道路）の場合だけです。前面道路が自動車の通行のはげしい幹線道路的性格を帯びてくると様相は一変します。

敷地が狭く前面道路に密接して建てざるをえないので、住宅の安全を確保するために、道路との間にブロック塀など不透明で強固な障壁を設けることになります。こうしたミニ住宅があちこちに建てられると、その道路は結構危険になってきます。

図56は、そうした空間の一つです。ここは古くから

〔図56〕

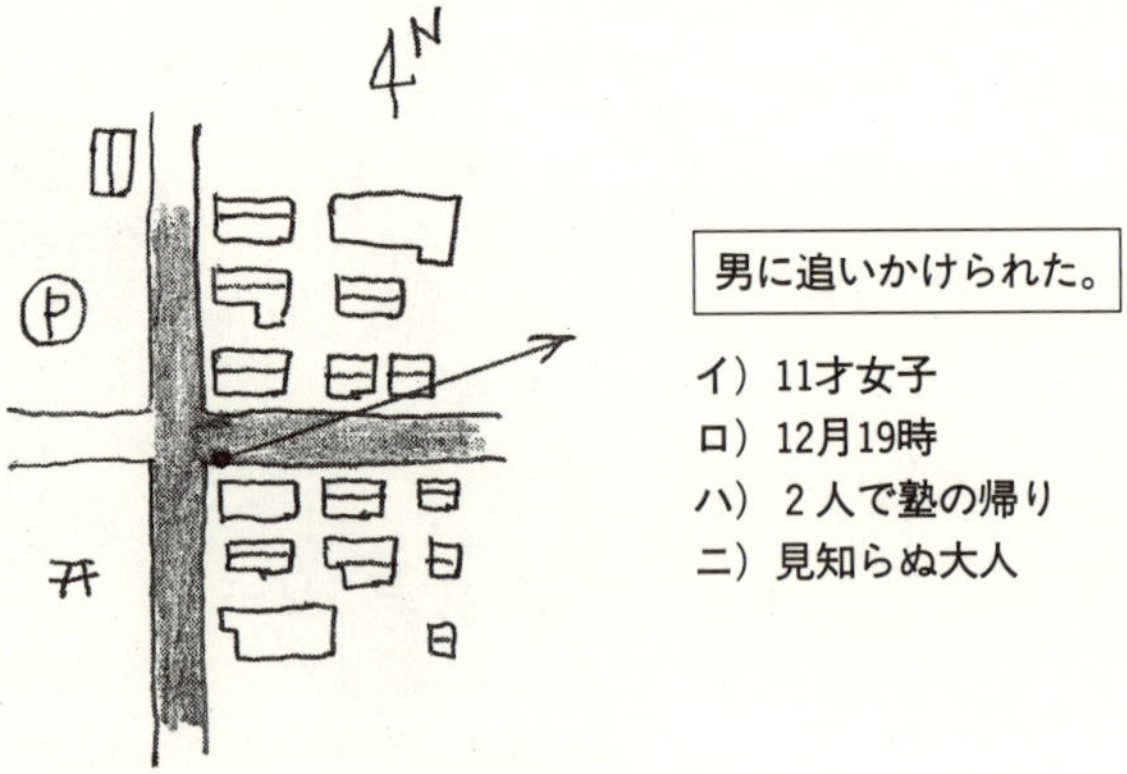
N
P
男に追いかけられた。
イ）11才女子
ロ）12月19時
ハ）２人で塾の帰り
ニ）見知らぬ大人

区画整理でできた道路と宅地。両者とも時代とともに姿を変えていく。

区画整理でできた道路が少しずつ地域の幹線道路に変わり、まちの姿が変貌する。この道路で女児が何者かに追いかけられている。

幹線化した道路に面した小規模住宅は、敷地に余裕のないこともあって、道路との間に強固な障壁を必ずつくる。

ある市街地ですが、市街地が周辺に拡大していくなかで少しずつ変貌しています。前面道路も、かつては通過交通の少ない生活道路的性格の強いものでしたが、次第に通過交通も増え、幹線道路的性格を強めています。周辺の住宅地も再分割されて小さくなっています。こうした変化のなかで、住宅は道路との境界にブロック塀などを設置し、両者の関係は疎遠《そえん》になり、まちは子どもにとって危険になっていくわけです。

　地域の幹線化していく道路（広域幹線道路ではありません。その場合は、そうした道路に宅地が接していること自体が問題なわけですから）の周辺では、宅地と道路の関係が遮断されないためにも、ミニ宅地化に歯止めが必要です。両者の間に良好な関係が保たれるためには、宅地が一定の広さを維持していることが必要なのです。

ほとんど玄関と車庫でしか道路と接しない住宅。このような住宅が建ち並ぶと、前面道路は危険になる。

50 学校施設

小学校や中学校は、地域の子どもたちの生活の拠点施設でもあります。朝には地域のあちこちから集まり、夕方には散っていくわけです。子どもたちが毎日集まる空間であるがゆえに、犯罪防止の視点からも再考すべきことが少なくありません。

最近では、地域に開かれた学校が求められていますが、空間計画の面からみると、むしろ、学校は敷地内での完結性を求めて閉鎖性を高めているようにすら思われます。子どもたちにとっては大切な通学路である学校周辺の道路に沿って、長大な校舎が続き、密植された生垣やブロック塀などの障壁が延々と続く場合が少なくありません。こうなると道路の反対側の建物のありかたによっては、下校時などに少人数で通行する子どもに犯罪の危険が生れてきます。

校庭にいろいろな施設を設置する場合にも、周辺地

学校の外周に延々と「緑の城壁」が続く。こうなると学校の外周道路は危険になる。

域に対して閉鎖的な構造がとられることが少なくありません。その最たる例がプールです。校庭の一隅に設置されることの多いプールは、高い障壁で囲まれています。校庭外周の道路からよく見えていた校庭の子どもたちの姿が突如として高い障害物にさえぎられて見えなくなってしまうわけです。このことは、逆に言えば、校庭から見通せない道路空間ができたことになります。倉庫や体育館の設置についてもこうした事例が少なくありません。敷地内での機能や管理だけが優先して、学校は変貌しています。敷地内での完結性を求め、周辺地域に対する閉鎖性を強めているのです。そのことによって、学校周辺の空間は、子どもにとって犯罪の危険性の高い空間になっています。

図57は、そうした事例です。校庭の一隅に設置されたプールは高い障壁で外周道路と隔てられています。そうした道路で子どもが犯罪の危険に遭遇しています。プールで泳いでいる子どもたちを、道路を歩いている地域の住民が目にするということは、避けられねばならないことでしょうか？　むしろ、そのことは、地域の住民に季節の到来を告げ、若い活力を感じさせるも

〔図57〕

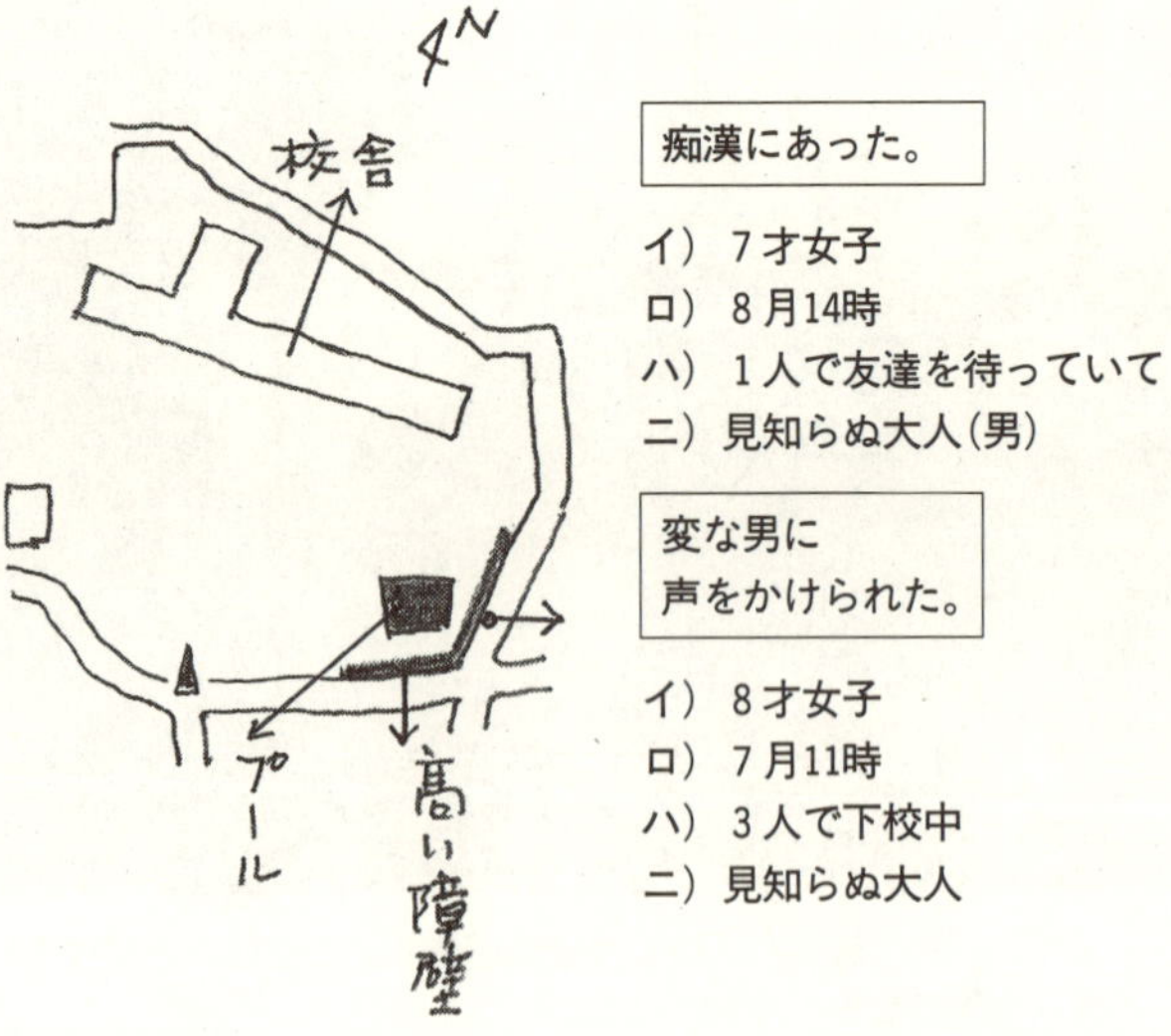

N
校舎
プール
高い障壁
痴漢にあった。
イ）7才女子
ロ）8月14時
ハ）1人で友達を待っていて
ニ）見知らぬ大人(男)
変な男に
声をかけられた。
イ）8才女子
ロ）7月11時
ハ）3人で下校中
ニ）見知らぬ大人

プールを外の道路から見られたくないためなのか、境界に高い障壁をめぐらしている。

この小学校でもプールを高い障壁で囲んで目隠しして、外部との関係を断っている。学校にはこうした閉鎖的なつくりが多い。

のだと思います。

同じように、校舎と外周道路との関係をこれほどまでに断ち切る必要があるのでしょうか？　外を通行する人が見えると、教室の子どもたちが授業に集中できないというのであれば、教室部分だけを遮蔽《しゃへい》すればいいのではないでしょうか？　それ以外の、校庭や玄関ホールや職員室や作業室や調理室などは、もっと外部に開かれるような構造を工夫していきたいものです。学校空間の構造そのものが地域に向かって開かれ、地域との一体感があることが望まれます。そうすることによって、子どもたちは犯罪の危険から守られるのです。現状は、その逆に向かっていることが残念です。

vi
危険な公園

51　集合住宅団地の事例1

ここは集合住宅団地内の商業施設の集まっている区域にある広場です（図58）。

商店に囲まれて二つの広場があります。外周道路からのアプローチ部分にある広場（これを広場「A」とします）では、子どもたちに対する犯罪が多発しています。そこからゲート状になっている建物の一階部分を通りぬけた所にある広場（これを広場「B」とします）では、子どもたちに対する犯罪行為は発生していません。犯罪の危険度の高い広場「A」と、危険度の低い広場「B」とでは、どんな差がみられるのでしょうか？

一つ目は、外部からの接近のしやすさです。広場「A」は、外周道路との一体性が強調され、道路からのアプローチはきわめて容易です。外周道路の歩道部

〔図58〕

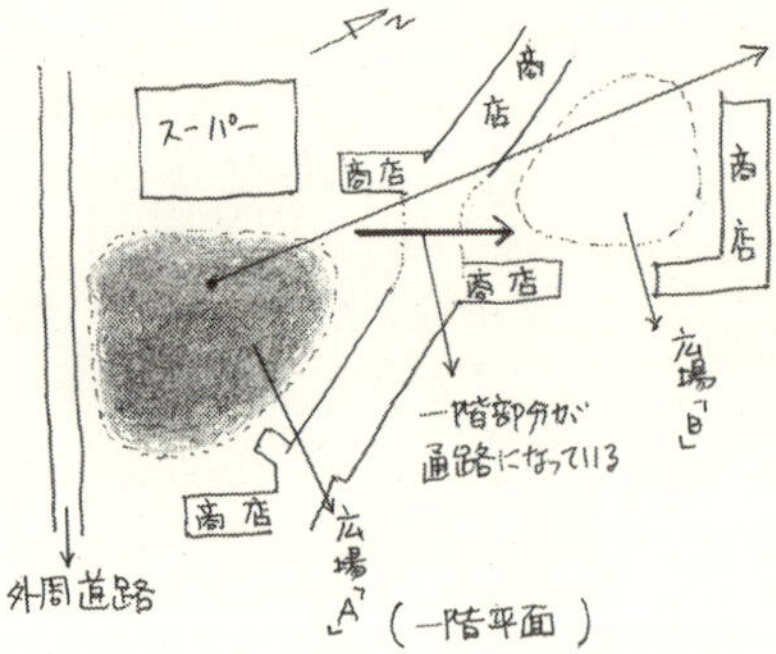

若い男にスカートをめくられた。

イ）8才女子
ロ）10月17時
ハ）2人で買物に行く途中
ニ）見知らぬ大人

大学生風の男があとをつけてきて下着をもっていった。

イ）7才女子
ロ）4月12時
ハ）1人で下校時
ニ）見知らぬ大人

男に追いかけられた。

イ）10才女子
ロ）11月20時
ハ）1人で塾の帰り
ニ）見知らぬ大人

変なことを言われた。

イ）9才男子
ロ）4月16時
ハ）1人で買物中
ニ）見知らぬ大人（男）

分からそのまま接近することができます。これにくらべて、広場「B」は、建物一階のゲート状の通路を通りぬけないと、外部から接近することはできません。外部からの接近のしやすさの差が、広場「A」と広場「B」の安全性に大きな影響を与えていると思われます。

二つ目は、広場がそれ自身でまとまった空間としての領域性をもっているか否かということです。これは一つ目の要因とも深く連動していることです。空間の領域性とは、その空間を日常的に利用する居住者になかば専有性を感じさせ、それ以外の人々に心理的に接近を躊躇《ちゅうちょ》させるものです。空間がこうした領域性をもつということは、防犯上から重要な意味をもっています。

江戸のまちには随所《ずいしょ》に木戸口があり、そこには木戸番がいました。木戸口から奥の各戸は施錠をせずとも安全に生活できたといいます。現在でも中国の上海市などでは里弄（りろん）という木戸口のような空間構造があり、その内部では人々はきわめて開放的な生活を展開しています。そこに知合いでもいないかぎり、

広場「A」の全景。この左側にスーパーマーケットがある。

広場「Ａ」は外周道路から簡単にアプローチできる。むしろ両者の一体化がはかられている。

広場「Ａ」には自転車が無秩序に駐輪され、ゴミも散乱している。

広場「Ａ」から広場「Ｂ」へは高層集合住宅の１階部分が通路になっている。広場「Ｂ」にはここを通ってアプローチする。

外部から接近することはなかなかむずかしいのです。居住地の計画にあたっては、こうした空間の領域性の確立が防犯上の重要な課題のひとつになるでしょう。この点でも広場「A」は劣っており、出入口にゲートを有する広場「B」は優れています。

三つ目には、広場に面する商店の性格の違いがあげられます。広場「A」に面して、団地住民以外の買物客をも対象にする広域性のストアーが存在します。これに対して広場「B」にあるのは、団地住民の日常必需品をあつかう個人商店です。同じ商業施設でも、その規模やあつかう商品によって、地域の安全性に果す役割は大きく異なってきます。このことはすでに指摘してきたことですが、ここでも実証されているわけです。

四つ目には、空間の管理状況があげられます。広場「A」には、自転車が散乱したまま駐輪されています。これはストアー周辺に多くみられることです。また、コンビニゴミと呼ばれるゴミがいたるところに散乱しています。それにくらべて、広場「B」は、ゴミの散乱などはみられず、管理状況はきわめて良好です。ス

広場「B」の全景。日用品をあつかう個人商店が周りをとりまく。

トアー系の商業施設とその利用者がもたらすゴミ問題への対応のむずかしさがうかがえます。このような差がどうして生じるのかということについては、いくつかの理由が考えられるでしょうが、商業施設とその利用者の性格の差が大きく作用していることは明白です。広場「A」と広場「B」の管理状況の差は、そのまま、子どもに対する犯罪の発生の差となって表れています。

五つ目には、広場の利用状況の差をあげることができます。広場「B」では、親に手を引かれた幼児の遊ぶ姿を見かけることができますし、お年寄りが談笑する姿も見ることができます。ベンチで本を読んでいる人もいます。これにくらべて、広場「A」では、そうした人々の姿を見かけることはありません。広場「B」は住民の生活の温もりを感じさせる空間ですが、そうしたものを広場「A」に感じることはありません。こうした差が、広場の防犯性に影響を与えています。

広場「B」の風景。杖を兼ねた買物用手押し車の人と、犬の散歩途中の人と、お年寄りが二人楽しそうに談笑している。

広場「B」の風景。買物の途中だろうか、犬と遊ぶ子どもを母親が見守っている。

52　集合住宅団地の事例2

ここは集合住宅団地のなかの公園です（図59）。

集合住宅団地内の公園は、平均して利用者も多いところから犯罪に対しては安全だと思われています。しかし、利用者がとぎれる時間帯には結構危険な空間になるものです。四人の子どもが誘拐され殺害されたとされる「宮崎事件」もこうした集合住宅団地内の公園でも発生しています。この公園でも子どもに対する犯罪が多発しています。集合住宅団地内の公園も、その配置や構造について、安全性からの配慮が求められています。この公園についても配慮しなければならないいくつかの要素をあげてみます。

一つ目は、公園が盛土によって、周辺の道路から二五センチメートルほど高くなっていることです。盛土の上には植栽がなされています。この植栽が外周の道路を往来する住民の視線から公園内部を遮断《しゃだん》していま

〔図59〕

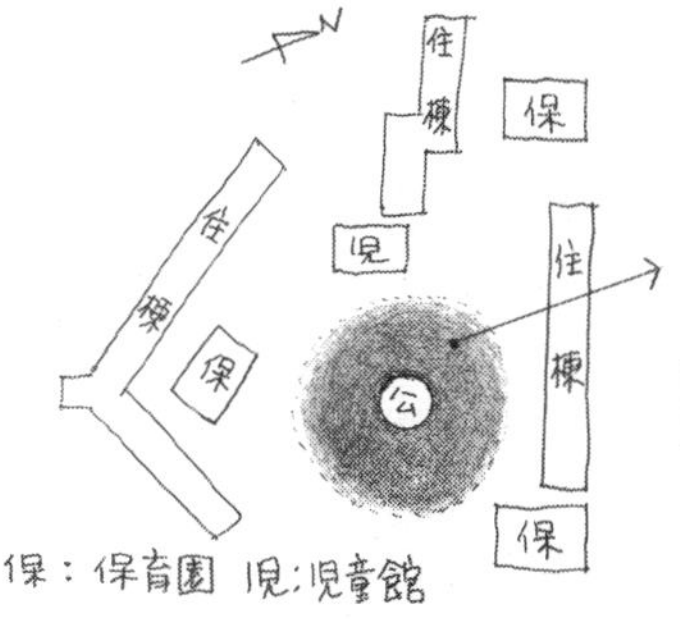

男がナイフをもって追いかけてきた。

イ）10才女子
ロ）４月15時
ハ）４人で遊んでいて
ニ）たまに見かける大人

男に追いかけられた。

イ）８才女子
ロ）８月８時
ハ）２人でいたとき
ニ）見知らぬ大人

男にあとをつけられた。

イ）９才女子
ロ）10月17時
ハ）１人でいて
ニ）見知らぬ大人

男に追いかけられた。

イ）10才女子
ロ）２月17時
ハ）２人で遊んでいて
ニ）たまに見かける大人

す。公園の地形や地下施設の関係から外周道路から盛土しなければならないような場合には、たとえ低木であっても外周道路からの視線をまったく遮断してしまわないように、植栽については配慮が必要なわけです。

二つ目は、植栽の管理がきわめて不十分だということです。樹木は生き物です。時間がたてば成長し、やがて大きく姿を変えるということを前提にしなければなりません。このことが建築物などの人工物との大きな違いです。そして、この変貌こそが樹木の魅力でもあるわけです。

すべての樹木が管理されねばならないというわけではありませんが、配置された場所や期待される機能によって適切な管理が求められています。この公園ではその管理がきわめて不十分です。盛土の上に植栽された樹木は成長し、外周道路から公園をまったく見通せないほどになっています。無造作に植栽され、加えて管理が不十分なことによって樹木の成長が自然にまかされ、公園はすっぽりと囲いこまれています。

集合住宅団地の公園は、既成市街地の公園と比較すると、植栽などの管理が見劣りするのが一般的です。

公園は盛土され、歩道より一段高くなっている。その上に植栽されていて、樹木が通行人の視線をさえぎっている。

これは、後者が行政の公園管理課などによって専門的に管理されているのにくらべて、前者の多くは、団地内諸施設のひとつとして団地の管理主体によって管理されていることに起因している場合が少なくありません。一般的に、集合住宅団地内の植栽管理は見直す必要があります。わが国の集合住宅団地では、計画時には、優れた植栽計画がみられるようになっています。しかし、その後の植栽管理の体制が不十分で、当初の植栽計画の優れた点を十分に生かせないどころか、逆に生活に支障をきたすような問題が発生しています。団地住民の積極的な参画をうながす方向で、植栽管理をはじめとする団地内の公園や緑地の配置や内部空間の再検討が必要です。

三つ目は、団地内の各住戸が、外部空間とのかかわりをまったくといってよいほど断ち切っているということです。公園とて例外ではありません。この公園から見える各戸は豆つぶのような大きさです。その豆つぶのような各住戸は、公園に表側（主に南面）を向けた住戸ですらしっかりとベランダに目隠しをつけ、そこで生活する人々の姿を見ることはできません。高層

団地内の植栽管理は概して良くない。

集合住宅の建ちならぶ団地では、人々は極端なまでにプライバシーを要求するのでしょうか。いつもどこかから誰かに見られているかもしれないという心配をしなければならない空間の構造は、まちづくりの視点からみれば大きな欠陥空間です。こうしたまちでは、公園や緑地などのオープンスペースは、住民から見放され犯罪の危険性の高い空間になっています。こうしたオープンスペースに、住民の温かい目が注がれ、生活の匂いが感じられるようになれば、それは安全で住みやすいまちということになるわけです。建築物の構造は、そうした方向へと住民を導くものでなければならないわけです。

そうした観点からみれば、高層集合住宅を集中的に建てるという現在の団地のつくりかたには再検討が必要です。各住戸の住民が、まちという外部空間に心をひらき、かかわりをもつためには、住棟の規模や数にも一定の限界があるわけです。

公園より東側の高層集合住宅群を見る。

同じく北側の高層集合住宅群を見る。

53　集合住宅団地の事例3

この公園は団地内の小さな公園（児童遊園）ですが、風俗犯を中心に子どもたちに対する犯罪が多発しています（図60）。この公園で犯罪が多発するのには、いくつかの要因が重なりあっています。

一つ目は、周辺の住棟との位置関係です。この公園の南側と東側には住棟が存在しますが、各住戸の居間部分を公園に向けている住棟はひとつもありません。この公園から見える住棟はすべて、住棟の妻側か背面である通路側なのです。各住棟で生活する居住者の視線をまったく感じられない位置にこの公園は存在しています。ここに立つと、南側と東側を大きいモザイク模様のコンクリートのパネルで囲まれている感じがします。

二つ目は、隣接する保育園や児童館との連携のなさです。この公園の北側には歩行者用の小径をはさんで

〔図60〕

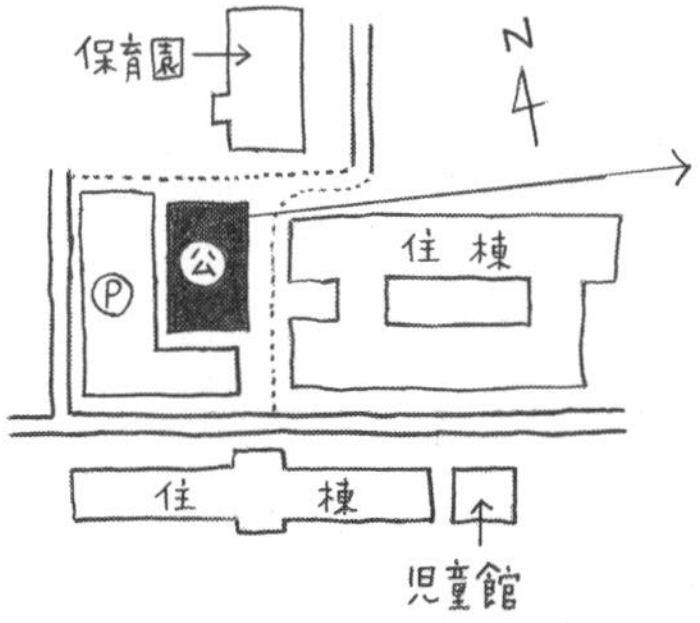

男にだきかかえられた。

イ）８才女子
ロ）15時
ハ）４人で遊んでいて
ニ）見知らぬ大人

いっしょに行こうと声をかけられた。

イ）７才女子
ロ）１月15時
ハ）４人で遊んでいて
ニ）見知らぬ大人（男）

男が大丈夫かと言っておしりをさわってきた。

イ）７才女子
ロ）11月15時
ハ）１人で遊んでいて
ニ）見知らぬ大人

エッチな話をしかけてきた。

イ）９才女子
ロ）６月８時
ハ）３人で登校中
ニ）見知らぬ大人（男）

保育園がありますし、南側の住棟の東端に接して児童館もあります。しかし、これらの施設はお互いに関連をもたずバラバラにつくられています。公園と保育園との境界には、人々の視線をさえぎる高さにまで樹木が密植されています。児童館との間にもまったく空間的なつながりを感じとることはできません。せっかく公園と保育園と児童館が隣接して存在しながら、それらの間には何の連携もないのです。これらの施設がそれぞれ独自の目的をもつものだとしても、子どものための施設という共通性はあるわけですから、お互いが連携をたもちながら、相乗効果を発揮させてゆく工夫があれば、この空間は、子どものための一大生活ゾーンとして安全で快適な空間になる可能性をもっているのです。

三つ目は、公園の境界の植栽の問題です。すでに言及したように保育園との境界部分に樹木が密植されています。わざわざ五十センチメートルほどの盛り土をして、そこに低木と高木を植えています。盛り土部分とその上に密植された低木によって、一・五メートルほどの高さまで人々の視線はさえぎられています。保

この公園の南側には、公園に通路側を向けた住棟がある。

育園児や保育士たちの姿を公園側から見かけることはむずかしく、保育園側からも同じことが言えます。

また、公園の西側には駐車場があります。駐車場には排気ガス対策として、境界に塀や樹木を配することが多くみられます。この駐車場でも境界に中木を密植しています。こうして、この公園は周囲から孤立することになります。駐車場の設置にあたっては、周辺の空間にこうした問題を発生させることを考慮しておく必要があります。

この公園で再考されなければならないことは、まず第一には、地域のなかで公園をどのように位置づけるかということです。この公園の場合、あまった空間を公園にするという発想から一歩も抜けだしていません。まず住棟を配置し、残りの空間に駐車場といっしょに公園を配置しています。このような位置づけでは、安全で快適な公園をつくることはできません。こうした発想の転換が求められています。公園はまち（地域）のリビングルームです。住宅設計においては、何かにつけて家族が集まってくるリビングルームは重要な位置を占めています。どんなに家族の個室が立派であっ

同じく東側には妻側を向けた住棟がある。

ても、リビングルームの演出なしには快適な住宅とはいえません。さしずめ各住戸が個室とするなら、公園はリビングルームなのです。公園を中心にしてまちをつくるといった発想が必要なわけです。

再考されなければならない第二の問題は、各施設がバラバラにつくられる、わが国のまちづくりの弊害がここにも顕著にあらわれているということです。公園と保育園と児童館という子どもにとって大切な施設が、お互いに何の連携もなく建設されています。それらの間の空間的一体感はみられません。公園の周囲に高い障壁をめぐらすことによって、これらの施設との空間的連携を断ち切っています。そして、公園は公園管理課、保育園は保育課、児童館は子ども課といった、タテ割り行政では、いつまでたってもこれらの施設間の良好な関係をつくりだすことはできないのです。設計の段階でこれらの施設を組合わせて、地域の子どもたちの生活の質を高めていくような構想が強く望まれます。そのことをめざして、これらの施設の管理にかかわる行政部局がお互いに相談しあい、行政のタテ割り体質を崩していくような方向が期待されるわけです。

公園の西側には駐車場があり、境界には中木が密植されている。

公園の北側には保育園があるが、公園側の境界は盛土され、その上に植樹しているので、お互いに子どもの遊ぶ姿を見ることはできない。

54　一般市街地の事例1

さまざまな戸建て住宅や低層の集合住宅が混在、密集する既成市街地では、公園などのオープンスペースは貴重なまちの財産です。しかし、公園のなかには、周辺地域の住民の生活や空間の変化によって、子どもにとっては犯罪にあう危険性がきわめて高い公園になっている場合があります。

図61は、そうした公園の典型的な事例のひとつです。ここでは、風俗犯や粗暴犯などの子どもの身体に直接危害を加える犯罪が多発しています。この公園はいくつかの要素が重なりあって危険な公園になっています。

まず一つ目は、止まるところを知らない不況が、地域の中小零細企業を直撃し、地域の様相がすっかり変貌していることに起因しています。この公園の北側には、鋼材の加工や保管をする小さな工場がありますが、外壁のスレートや窓ガラスは破損したまま放置され、

〔図61〕

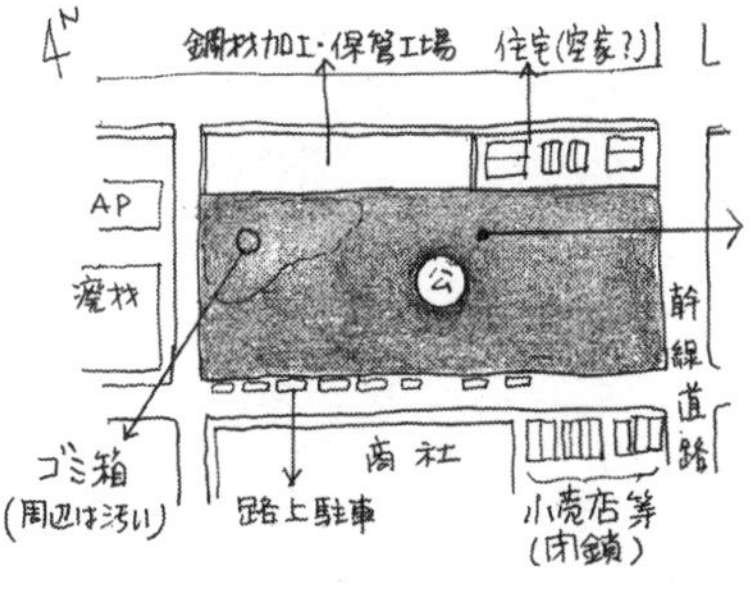

ホームレスに追いかけられた。

イ）９才男子
ロ）９月17時
ハ）４人で遊んでいて
ニ）見知らぬ大人(男)

パンツを見られた。

イ）10才女子
ロ）11月16時
ハ）７人で遊んでいて
ニ）よく見かける高校生

男に追いかけられた。

イ）10才女子
ロ）12月15時
ハ）１人で休んでいて
ニ）見知らぬ大人

自転車に乗っていてスカートの中を覗かれた。

イ）７才女子
ロ）８月13時
ハ）３人で遊んでいて
ニ）たまに見かける中学生

工場内で働く人の姿もほとんど見かけることもなくなっています。公園の南側では、小さな工場や事務所や商店などのシャッターが閉じられたままになっています。かつては、こうした事業所で働く人々を中心に活気に満ちた地域であったことが想像されます。その当時は、そこで働く人々が利用したであろうこの公園もまた活気のある空間であり、子どもにとっても安全な空間だったと思われます。

住・商・工が混在する既成市街地では、この地域のようにすっかり活力を失っている地域が少なくありません。こうした地域では、公園の周辺の空間も荒廃し、公園もすっかり危険な空間になっているわけです。

二つ目は、この公園の管理が不十分で、ゴミが目立って汚いということです。これは一つ目の要素と深く関係しているものと思われます。破損したままの工場に近い部分には、自転車が捨てられ腐りはじめています。その近くのゴミ箱にはゴミがあふれ、周囲にも散乱しています。道路一つ隔てた西側には廃材が積まれています。汚い物が汚い物を呼ぶのでしょう。荒廃したままの工場に接する公園の北西部には、一般の公園

公園の北側にある鋼材加工・保管の会社。窓ガラスは破れたまま、廃材（?）が公園に捨てられている。

公園の工場側の一隅には壊れたままの自転車が放置されている。

公園の南側にある小さな事務所や商店は昼間からシャッターを閉ざしたままで、人影は見られない。

では見られない管理の空白が目につきます。

三つ目は、公園の外周道路に路上駐車されている自動車群です。この公園の南側には事務用品などをあつかう商事会社のビルがあり、通行人もあるのですが、ビルと公園の間の道路に路上駐車された自動車によって、公園の内部は遮断されています。この会社は、自社の自動車については駐車場を確保しているようですが、外来者の自動車までは駐車場を用意していないのでしょう。ナンバーの登録地がまちまちな自動車によって公園の南側は包囲されているわけです。

四つ目は、公園の西側にある集合住宅との関係です。妻面を公園に向けた集合住宅からは、公園で遊ぶ子どもたちの姿を見ることはできません。

主なものだけでも、これだけの要素がからみあって、この公園は大変危険な空間になっています。しかし、密集市街地では、子どもたちが自由に遊べるオープンスペースは少なく、この公園で遊ばないということはできないわけです。その結果、子どもたちが危険にさらされることになっています。

この事例は、中小零細企業が立地する住・商・工の

ゴミ箱にはゴミがあふれ、周りに散乱している。

公園に隣接する民家との境界部には雑草が生い茂っている。

混在地域の一般的な姿であって、けっして例外ではありません。不況が引き金になって地域の活力が失われていき、それにともなって公園に活力がなくなり、そこで遊ぶ子どもたちが危険にさらされているということです。こうした状況から、子どもたちを救いださなくてはなりません。そのためには、公園が活力を失うにいたった連鎖を断ち切ることが必要です。地域の人々の生活と経済を活性化していく活動を公園を拠点に起こしていくような発想が必要です。

かつて地域の公園や広場は、国の内外を問わず、生活に困窮した人々が集まって知恵を出しあい力を合わせ、統一して行動を起こしていった拠点空間でもあったわけです。地域をよみがえらせるために、さまざまな活動が展開される場所が公園なのです。お祭りやバザールなどのイベントの企画ももっとほしいと思います。地域産品などの展示や即売会も考えられます。地域の青年や婦人たちの芸能の発表会もあっていいと思います。子ども会や老人会の活動ももっと活発にしたいと思います。労働者や業者の要求の実現に向けた集会も必要です。これらの活動のなかからまちおこしの

商社の前の道路には路上駐車の列ができ、公園内部は見えない。

機運が芽を出していくのです。公園の活性化がはかられていくことによって、子どもの安全も守られていきます。経済の不況で地域全体が活力を失い、そのことで公園も危険になっていくという連鎖を放置してはならないのです。

公園の南側の商社。自社の自動車については駐車場がいちおう確保されているが……。

55　一般市街地の事例2

既成市街地の公園で、子どもに対する犯罪の危険性の高い公園をもう一例とりあげて検討します（図62）。

この公園を現地調査してみると、この公園がなぜ危険なのか一目瞭然に読みとれます。同時に、公園をつくったり管理したりする側にもう少し〃子どもに対する犯罪防止〃といった視点があったら、安全で快適な公園になるであろうにと思われて残念な気持ちになります。

この公園が危険である一つ目の要素は、公園の設計に起因しています。公園の南側には数軒の民家があります。民家の側から公園との境界に高い塀が建てられています。これだけでも民家に接した公園の南側は条件が悪いのですが、ここに公園の側から、低・中・高木を植栽していて昼間から薄暗い空間になっています。加えて、この部分に遊具を設置しているのです。した

〔図62〕

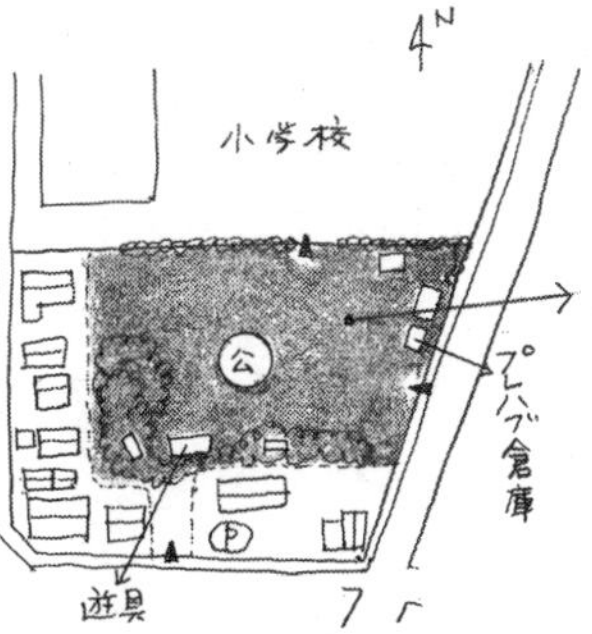

高校生になぐられた。

イ）８才男子
ロ）９月10時
ハ）８人で休んでいて
ニ）見知らぬ高校生

酔っぱらいになぐられそうになった。

イ）11才男子
ロ）８月19時
ハ）12人で遊んでいて
ニ）よく見かける大人（男）

ハサミをもった男が変な声をかけてきた。

イ）８才女子
ロ）８月14時
ハ）１人でいて
ニ）見知らぬ大人

がって遊具の周りは不快で危険な空間になっています。

どうしてこんなことになったのかは定かではありませんが、普通に考えると、公園ができた後に南側の民家が建築されたと推察されます。先に民家があれば、公園の側でもう少し配慮をしただろうと思われるからです。前後関係はともかくとして、両者とも相手への意識・配慮もなく自分の都合だけでつくったということは明白です。その結果、公園の側にきわめてまずい空間が発生しているわけです。この場合、周辺状況に合せて公園の側が植栽や遊具の配置を考え直す必要があります。区画整理事業などで公園を先行的に建設していった場合に、こうした問題が生じることはすでに指摘したとおりです。

二つ目の要素は、公園の北側に隣接する小学校・幼稚園との関係に起因する問題です。この公園は小学校・幼稚園と地続きになっています。おそらく同一敷地に学校と公園を配置したものと思われます。ところが、この両者の間には何の連携もありません。

学校の側からは樹木が密植されて、空間的なつながりは遮断されています。ここでも学校はきわめて閉鎖

民家との境界部分には樹木が生い茂り、昼間から薄暗い空間が生まれる。そこに遊具が所狭しと設置されている。

的で自己完結した空間を形成しています。同じ子どものための施設として、両者の間にもう少し空間的な一体性が考えられていたら、公園の安全性は数段向上していたと思われます。神戸市などでは、学校と公園を空間的一体感のあるものとしてつくる〝学校公園〟という発想も見られましたが、管理主体の違いや機能の違いからなかなか広がりをみせてはいません。しかし、こうした発想は障害を克服してもっと広げていきたいものです。少なくとも、子どもの生活の拠点施設である学校が、その空間的閉鎖性ゆえに、地域にさまざまな危険空間を生み出している現状は改善される必要があります。

三つ目の要素は、公園の管理運営にかかわって生じている問題です。この公園の東側は道路に面しています。この道路には歩道もあり、通学の子どもたちや地域の人々が利用しています。この公園は、これらの人々によって見守られる位置にあります。ところが、道路に面する公園の側にいくつかのプレハブの建物が建てられています。その一つは消防器具庫です。防災のまちづくりが進められるなかで、地元の消防組織の

公園と民家との間には塀や生け垣が設けられ、両者をしっかり遮断している。

消防器具を収納する倉庫が公園に設けられる事例が多くなっています。道路にすぐアクセスできるなどといった理由から、公園敷地内に建設されることが多いのです。ゲートボールの用具をしまっておくプレハブの建物も消防器具庫に近接して建てられています。そして、これらのプレハブの建物によって、通行人の公園への視線は断ち切られているのです。少しでも公園で遊ぶ子どもたちの安全性に心を配っていたら、これらの建物は、同じ公園内でも違った場所に設置されることになっていたと思います。

四つ目の要素として、この公園の西側には戸建て住宅が存在しますが、これらはすべて公園に妻面をみせて建てられています。

こうしてこの公園は四方から孤立して存在することを余儀なくされているわけです。この公園の場合は、公園内の施設の配置を隣接する空間に合せて修正することによって安全性を高めることができます。また、同じ子どものための公共施設である学校との空間的関係を改善することによって、さらに安全で遊びやすい公園になる可能性をもっています。

学校と公園の間は樹木や塀で遮断されている。学校はどうしてこれほど閉鎖的空間をもとめるのだろう。

公園の道路側には、地元の消防団体の器材倉庫が無造作につくられている。その位置は公園の安全性には大切なところなのだが……。

vii

安全な公園

56 設計管理が防犯性にすぐれた公園1

この公園は、地区公園程度の数ヘクタールの広さをもつ公園です（図63）。

これくらいの広さの公園になると公園内の施設や樹木も多く、あちこちに防犯上の隘路《あいろ》ができて、利用者を犯罪の危険から守ることがむずかしくなります。しかし、この公園ではほとんど犯罪が発生していません。この規模の公園としては、きわめて例外的な安全な公園です。その理由は、この公園を訪れると一目で理解することができます。

この公園が安全である第一の要素は、公園内部の施設や樹木の設計・管理がきわめて優れていることです。公園内部には、人工的に土地の起伏もつくられており、水も流れ、たくさんの樹木も植えられています。しかし、利用者にとっては、きわめて見通しのよい空間がつくりだされています。人間の視線をさえぎる高さに

〔図63〕

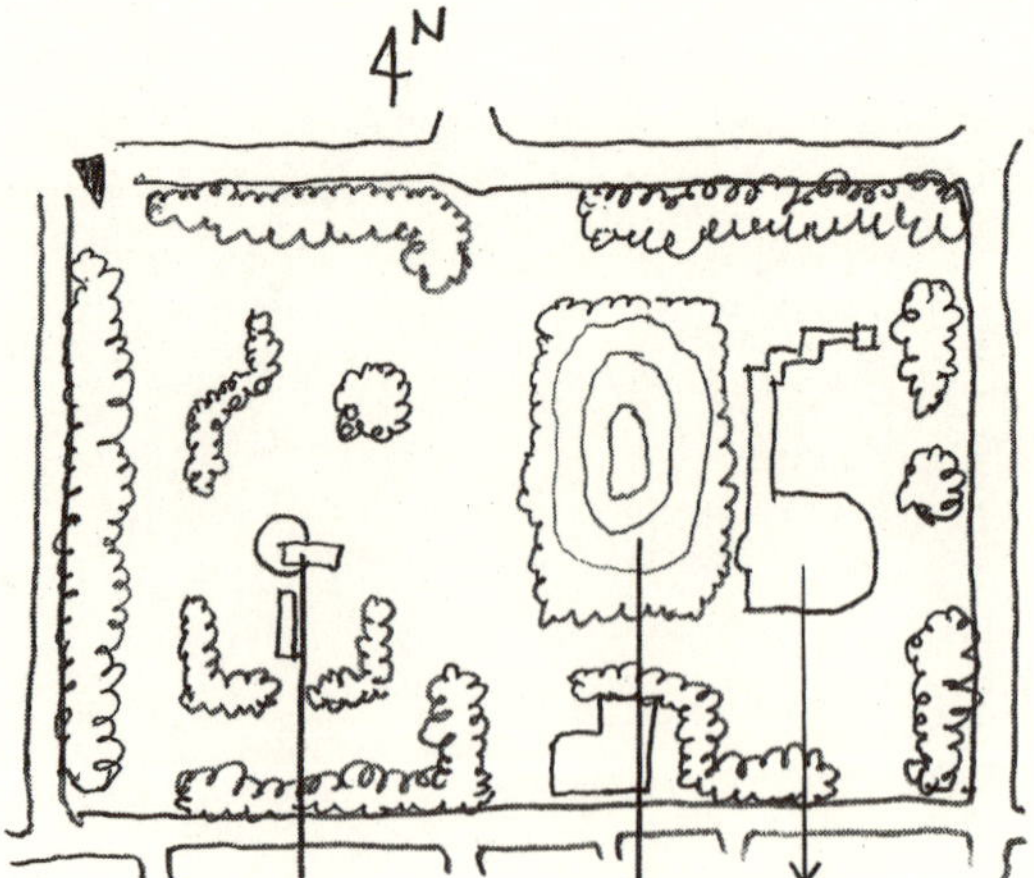

樹木が生い茂っているということはほとんどありません。よく手入れされた低木と十分に枝打ちされた高木とがほどよく組み合わされています。全体としては、豊かな緑の量をもちながら、人間の視線をズタズタにしてしまうということはありません。土地の起伏と適度に配置された低木や大きく成長した高木の幹によって、子どもの遊び場としての〝隠れ空間〟もほどよく存在しています。この公園は、利用者を犯罪から守るという視点からみたとき、樹木をはじめ公園内の施設の配置がきわめて優れているわけです。また、樹木の管理も、設計意図を十分に反映したものになっているのです。わが国では、こうした公園はなかなか少ないものです。公園内部の配置の十分な検討もされないまま庭園空間を散在させていたり、樹木の管理が不十分だったりして、人間の視線はズタズタに切断されている場合が少なくありません。こうした現状は、公園の設計や管理において、利用者を犯罪の危険から守るという視点の欠如を表しています。こうした点の改善が緊急にもとめられているといえましょう。

この公園が安全である二つ目の要素は、良く利用さ

公園内の樹木は配置も管理も良く、緑量は豊富だが、利用者の視線を断ち切ることはない。

れているということです。公園内では、一日中利用者の姿が途絶えるということはありません。いつも子どもや母親の声が響いています。とくにここで注目したいのは、近隣住民によってよく利用されているということです。ラジオ体操の会場として人々がよく集まる場所になっています。そのための朝礼台のようなものまで常設されています。昼間にはゲートボールに興じる高齢者の姿が見かけられます。

この程度の広さをもつ地区公園になると、かなり広域の人々を対象にすることによって、近隣住民との関係が疎遠《そえん》になることが少なくありません。ときには、近所の人々には迷惑施設の一つになっていることもあります。公園の近くの住民との関係が、規模の小さい児童遊園や街区公園などとは違ってくる場合が多いのです。この公園の事例は、比較的規模の大きい公園の場合でも、近隣住民が、公園の管理や運営に深くかかわっていくことの重要性を示しています。公園の規模や種類を問わず、近隣住民は、公園の利用について特別に重要な役割をもっています。今後の公園づくりにおいては、このことをもっと重視する必要があります。

良く管理された公園内の樹木。

公園内は起伏もあり、決して単調なつくりではない。だが、子どもたちの姿を樹木でおおい隠すということもない。

〃公園の活性化〃ということが世の中では叫ばれています。公園行政もこの活性化の風潮を無批判に受け入れて、公園の活性化のための施策を検討したりしています。その活性化の中心施策の一つが、大規模な公園にさまざまな誘客施設を付設していくことです。その場合、周辺住民の意見が十分に反映されることは少なく、逆に住民の日常的な利用をさまたげることが多いのです。そういった施策が、広域的な利用を前提とする公園の性格から当然のこととして進められます。しかし、公園が安全かどうかは、その規模や種類にかかわらず、近隣住民の日常的利用や管理運営への参画が重要なポイントになっていることに、もっと注目する必要があります。どんな公園も近隣住民に親しまれ利用され愛されることによって、犯罪から守られる安全な公園になっていくのです。

公園中央部の小山で遊ぶ子どもたち。

近隣住民のラジオ体操の会場としても利用されている。

公園内でゲートボールを楽しむ元気なお年寄りたち。

もちろん公園の王様は子どもと母親だ。

少々遠くからでも弁当持参で遊びに
くる子どもや母親の姿も少なくない。

57　設計管理が防犯性にすぐれた公園2

この公園は、一〇ヘクタール余の広さを有する大きい公園です（図64）。規模も大きく、外周道路からは樹木帯で包みこまれているにもかかわらず、子どもへの犯罪はほとんど発生していません。安全な公園の一つです。

この公園が安全である要因として、第一に考えられるのは公園管理事務所の存在です。公園の管理に専門的な職員が配置されているのです。日常的な公園管理にかかわる専門職員の存在が、この公園の安全性に大きく寄与しています。専門職員の目が、つねに公園の管理運営に注がれているのです。もちろん、犯罪の危険が発生した時には、苦情が寄せられ、対策がとられることになります。

そもそも、明治初期に、外国からわが国に公園が紹介された時には、公園という空間と同時にその公園を

〔図64〕

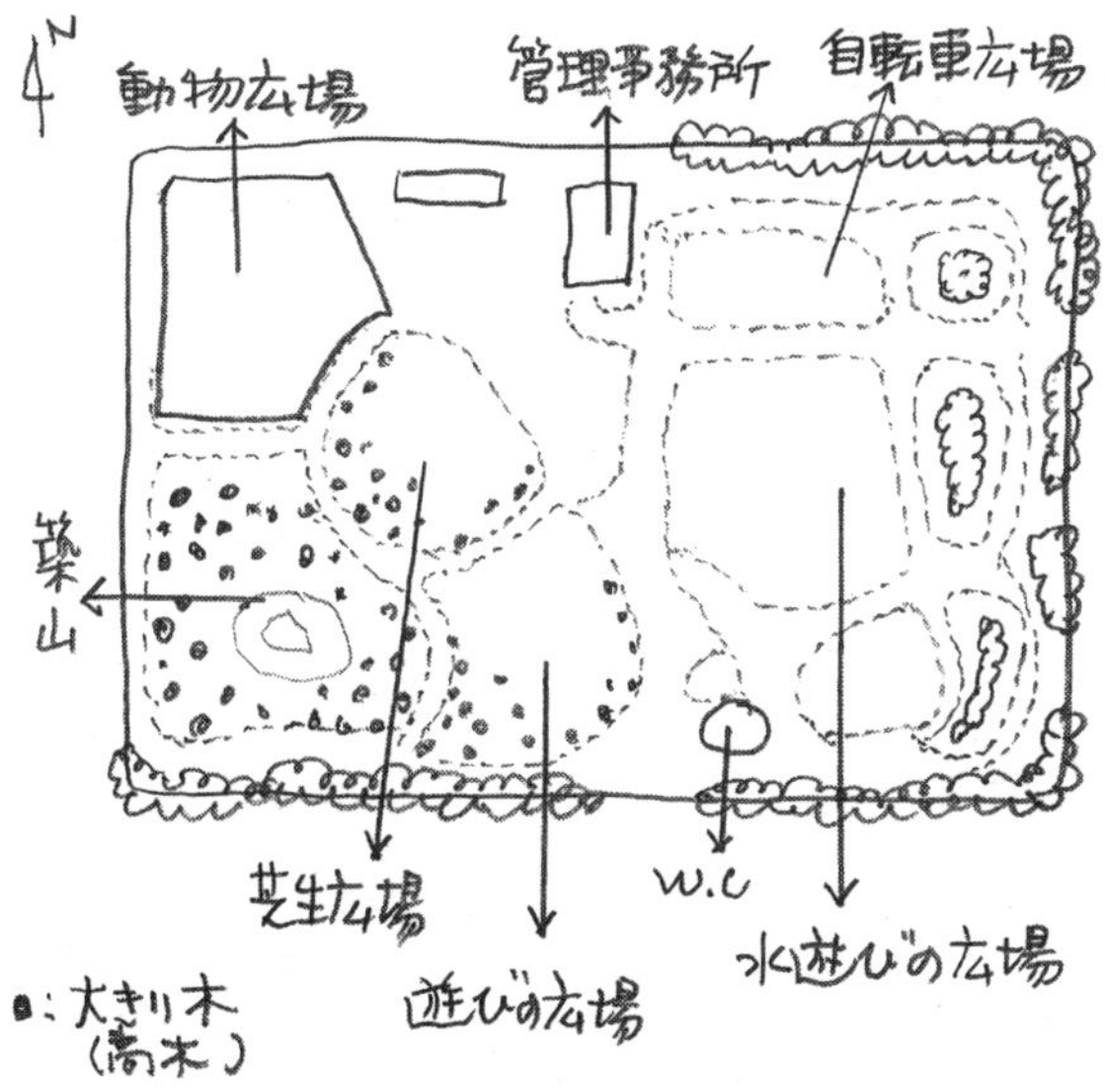

利用する人々の相談にのったり、遊びの指導をしたりする公園指導員という制度も導入されたのです。いつのまにか、公園行政は、公園という空間を提供するだけに矮少化《わいしょうか》されてしまいました。最近まで東京都豊島区などに存在した公園管理人という制度も行政改革のなかで姿を消してしまいました。公園で遊ぶ子どもを犯罪の危険から守っていくためには、その公園の管理や運営に専門的にかかわる人間の存在はきわめて重要な意味をもっています。また、防犯の視点からだけでなく、戸外での遊びの機会を失ってきている子どもたちへの支援や、地域の社会教育や自然教育の一つの拠点として地域の公園を位置づけ、それができる人間の配置を検討するのは有意義なことだといえましょう。地域の高齢者に、こうした活動への参画をうながしていくのも大切なことです。

　この公園が安全である二つ目の要因は、公園内部が、それぞれの空間の利用のしかたを考えて、施設や樹木の配置・管理がなされているということです。このことも、公園管理の専門職員の常駐ということと深く関連しているものと思われます。人々が集まって休息す

見晴らしのよい広場では利用者が自由に動き滞留することが少ない。
後方に公園管理事務所が見える。公園の安全性にその存在は大きい。

るような所には適当な木陰や施設が配置されていますが、それ以外の所では、見通しが良く管理がしやすいようにつくられています。人々が休息している場所と人々が動いている場所とでは、空間の構成のしかたが異なっているのです。こうしたことができるのも、つねに公園の管理に専門的な目配りをする人間の存在があってのことです。

この公園が安全である三つ目の要素は、この公園がたくさんの人々に利用されているということです。前項でも述べましたが、多くの人々に利用されるということは、ここでも公園の安全性を高める重要な要因になっているのです。

この公園で唯一犯罪が発生しているのは、便所です。九歳の女子が、使用中に小さな穴からのぞかれています。欧米の公園でも、公園内の便所は、防犯上の一つの隘路《あいろ》になっています。公園の便所の配置や構造には改善が求められています。公園管理事務所に隣接して付設するなどの工夫が必要ですし、犯罪を未然に防ぐための防犯器具などの設置も検討されるべきでしょう。

公園外周部の散策路で散歩を楽しむ人。緑豊かだが、あまり犯罪は発生していない。

遊びの広場、芝生の広場、築山などがあり、一日中ゆっくりと遊んでいく人が多い。

58 隣接する建物に守られる公園1

集合住宅の建設にあたって、公園が付帯施設としてつくられる場合があります。しかし、こうしてつくられる公園は、集合住宅との関係によって、犯罪が多発する公園になる場合が少なくありません。図65は、児童遊園ともいうべき小さな公園ですが、犯罪の発生していないきわめて安全な公園の一つです。

その要因をいくつかあげてみることにします。まず第一の要因としてあげなくてはならないのは、集合住宅との位置関係です。この公園は、集合住宅の南側、すなわち各住戸の居間側に存在しています。この公園に立つと、各住戸のベランダ越しに、居住者の姿を十分に感じとることができます。この公園のように集合住宅の南側に位置する公園はきわめて例外的です。この好位置がこの公園の安全性に重要な役割をはたしているわけです。集合住宅と同時につくられる公園の多

〔図65〕

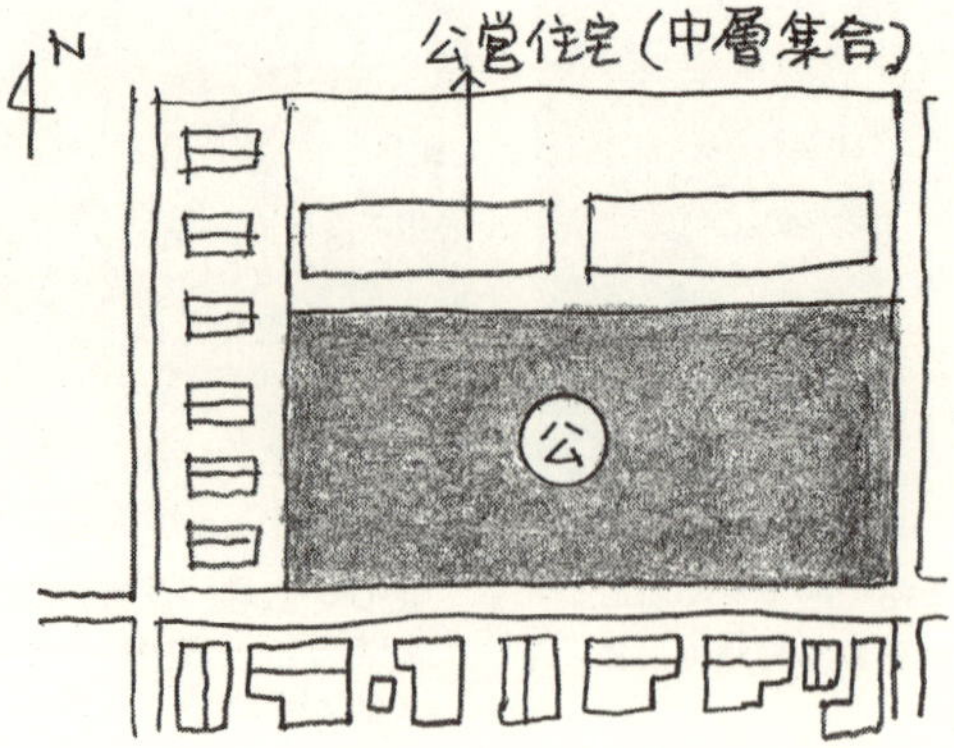

くは、住棟の日影になる北側に、駐車場などといっしょにつくられるのがほとんどです。そうした公園が、地域で犯罪の多発する危険空間の典型になっているのはすでに検討してきたとおりです。公園を、集合住宅の付け足し的な施設として建設する時代に終止符が打たれる必要があります。

二つ目の要因としては、隣接する集合住宅の規模や構造をあげることができます。この集合住宅は四階建てで一棟当り三十戸前後の規模です。一棟で数百戸を飲みこむ巨大規模の高層集合住宅ではないのです。こうした小規模の集合住宅では、住民が極端にプライバシーを要求するということはあまりみられません。外部空間に対しておおらかに構えていられるのです。ベランダに不必要な目隠しの障壁を求めることもありません。これが巨大な高層集合住宅になると、そうはいかないことはすでにみてきたとおりです。

三つ目の要因は、この公園から、集合住宅の居住者の生活の匂いを感じることができるということです。集合住宅のあちこちに洗濯物や蒲団が干されています。居住者の声が聞こえ、姿を見かけることができます。

中層集合住宅の南側にある公園。こうした好位置にある公園はあまり見られない。

この集合住宅では、たくさんの人々が生活していることを、いつでも感じとることができるのです。

住棟と公園の間には二メートル前後の空間が存在します。ここには居住者たちによって低い花木が植えられています。この花木は、居住者の手で世話され管理されています。水やりする居住者の姿を見かけることも可能です。公園の側からも、この境界空間には可視性の低いフェンスを設けているだけです。

この公園は二面が公道に面していて、もっぱら居住者だけが利用する空間構造にはなってはいないのですが、集合住宅と公園の間には、利用にかんして一定のルールができあがっているような感すらみうけられます。集合住宅の居住者にとって、各住戸が第一の空間、公園との間の植栽空間が第二の空間、公園が第三の空間として、これらの空間がすべて、自分たちの生活に深くかかわる空間として、自覚的にとらえられているように思われます。第一の空間はもっぱら私的利用の空間です。第二の空間は、半私的半公的な性格の空間です。第三の空間はより公的な性格は強いのですが、けっして私的なかかわりが断ち切られている空間では

公園に向けて住民の生活が表出する。公園も住まいの一部。

公園の側も住宅に対して低く簡素なフェンスしか設けていない。

ないのです。居住者にとっては、自分たちの前庭であり広場でもあるという意識の強い空間なのです。第一から第三の空間に向かって、私から公へと性格を変えながらも、生活にかかわりの深い一連の空間としてとらえられているのです。居住者によって、自己の生活にかかわる空間の一つとしてとらえられた公園は、公園を利用する外部の人々にも、一定のルールを、無意識のうちに感じさせるものになっています。

この公園は、集合住宅の居住者だけが利用するのではありません。周辺地域の子どもや親たち、通行人の休息の場としても利用されています。しかし、集合住宅の居住者以外の利用者もこの公園では、居住者を無視して罵声《ばせい》をあげたり、反社会的な行為をする気持ちにはなれません。他の利用者と共存して、ルールにのっとって利用するという姿勢を自然にとらせる雰囲気をもっているのです。

この公園が安全である四つ目の要素は、公道との境界部分の植栽にあります。人間の視線をさえぎらないように、低木と枝打ちされた高木によって構成されているのです。

小さな公園では、公園と外周道路の間の植栽は、この程度の簡素なものが望ましい。

これらの要因がからみあって、この公園は集合住宅に付設された公園としては、例外的に犯罪のない公園になっています。

公園と外周道路の間の植栽。低木と中高木を組み合わせ、密植せず適当な間隔を保っている。管理も行き届いている。(別の公園の例)

59　隣接する建物に守られる公園2

学校、図書館、役所出張所などの公共公益施設といっしょに公園がつくられる場合も少なくありません。そのような公園も、つくられかたによって、安全なものと危険なものに分れてきます。

図66の公園は、公共施設（図書館と保健相談所）といっしょにつくられたことによってきわめて安全な公園になっています。公園を利用する人々は、図書館内の明るい閲覧室の利用者や事務室で働く人々の姿を目にすることができます。これらの人々の暖かいまなざしを感じながら、子どもたちは遊ぶことができるのです。公園と図書館の間には低木と枝打ちされた高木が植栽されていますが、これらは両者の空間的一体感を断ち切るものにはなっていません。図書館の利用者は、四季折々の公園の自然や子どもの姿をみながら心を休めることができます。両者が空間的一体感をもつこと

〔図66〕

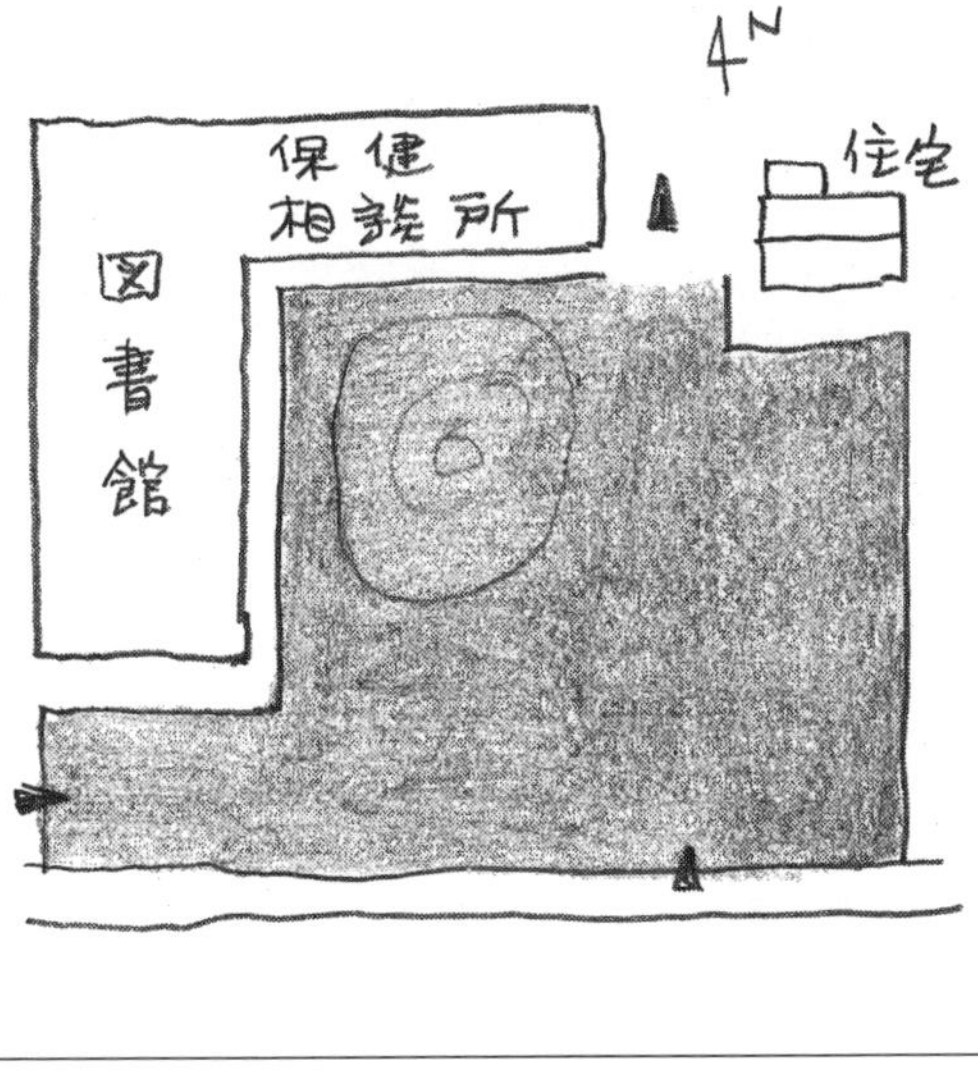

によって公園は安全性を、図書館は快適性を獲得することができるわけです。

公共公益施設といっしょにつくられた公園の場合でも、このような事例はあまり多くはありません。公共施設はその敷地内だけで空間的完結性をめざし、外部とのかかわりをまったく意識していません。公園も公園の内部だけで空間的完結性を求めて、周辺の建物とのかかわりを意識していません。両者が同じ自治体によってつくられる公共の空間でありながら、両者の空間的一体感がほとんど意識されないのが普通なのです。こうした公共公益施設に隣接してつくられる公園が、犯罪の危険性の高いものになっていることはすでに検討したとおりです。この公園は、例外的な存在ということができます。

この公園の安全である二つ目の要因は、公園全体の樹木の管理に、防犯上の配慮がよくされているということです。公園と道路との境界に植えられている低木は、よく管理され低くおさえられています。公園で遊ぶ子どもたちと通行人とを空間的に断ち切ることはありません。公園内部の樹木もよく管理されています。

図書館から公園で遊ぶ人たちが見渡せる。公園からも図書館の利用者が見える。両者はお互いを取りこんで自己の快適性を高めている。

高木は十分に枝打ちされ、人々の視線をさえぎることはありません。中木も密に長く列植されることはなく適度な間隔を保っています。公園内部には人工的な築山が築かれ、緑量もけっして少なくありませんが、全体としては大変明るい感じになっています。こうした演出には樹木の管理が重要な役割を果しています。

　この公園が安全な三つ目の要因としては、隣接する民家との良好な関係があげられます。この公園の北側の一部が民家と接しています。この民家は、公園に対して閉鎖的ではありません。民家の居間は、公園との空間的つながりすら求めています。公園の北側の一角は、この民家によって守られています。図書館やよく管理された樹木によって安全が守られ、住民から親しまれている公園には、隣接する民家の側も心を開いていくという好例といえるでしょう。

外周道路との境界の植栽も良く管理されている。

安全で美しい公園には隣接する住宅も心を開き、関係を求めてくる。

60　隣接する建物に守られる公園3

公園で遊ぶ子どもたちが、犯罪の危険から守られるためには、公園に隣接する空間との関係がきわめて重要だということは、すでに検討してきたとおりです。隣接する空間が民間の戸建て住宅の場合は、集合住宅や公共公益施設の場合とくらべて、両者の間に良好な関係をつくりだすためには、一段とむずかしいものがあります。一般に、戸建て住戸は、公園に対して閉鎖的になることが多いからです。公園の利用者の不特定性に起因する犯罪発生の危険性に、集合住宅や公共施設の場合とちがって、個人で対応しなければならないからだと考えられます。

図67の事例は、隣接する戸建て住宅との関係を良好に保つことによって、犯罪の危険から守られている例外的な公園です。この公園は、西側と南側の二面で民間の戸建て住宅と小径をはさんで接しています。この

〔図67〕

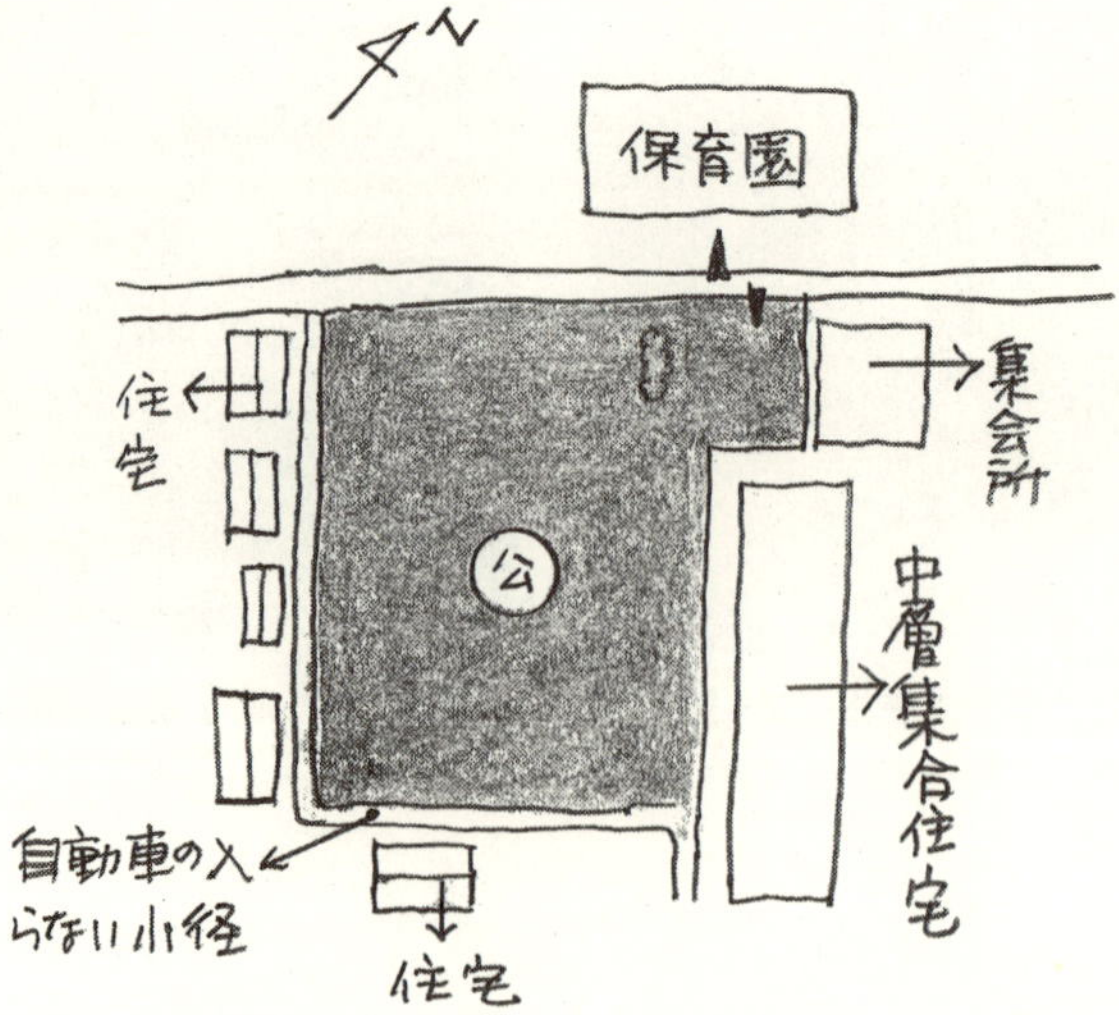

民家群は、ブロック塀で境界をつくっていますが、その高さは低くおさえられています。民家と公園の間は出入りできませんが、民家の一階にある居室部分と公園の植栽も両者の関係に十分に配慮しています。民家の一階にも二階にもベランダには鉢物がおかれています。公園の利用者にも草花をたのしんでもらおうという心意気は、まるでヨーロッパの都市のようですらあります。住民はベランダで、鉢物の手入れをしたり洗濯物を干したりしながら、公園で遊ぶ子どもに目を注ぐことになります。公園とそれに隣接する民家とがこうした関係をつくりだしているのはめずらしいことです。

その他に、この公園が安全な要因として、公園入口にある集会所の存在があります。何かにつけて地域の人々が集まってくる集会所が、公園の安全性を高めています。公園の北側には、四メートル前後の幅の道路をはさんで保育園があります。この保育園は、公園に南面していて園庭や保育室から公園を見わたすことができます。保育園への出入口も公園側にあります。集会所や保育園という公共公益施設によってもこの公園

公園の入口から公園と西側の住宅をのぞむ。両者の間には障害物はなく、住宅は公園に対して心を開いている。

は見守られているのです。

　集合住宅との関係も良好です。この公園の東側には、中層の公務員官舎が建っています。この官舎も公園側に居間を向けています。集合住宅からベランダ越しに公園で遊ぶ子どもたちの姿を垣間見ることができるのです。

　こうした要素が重なって、この公園は大変安全な公園になっています。しかし、何といっても他ではなかなか見られない特徴は、隣接する戸建て住宅との良好な関係です。こうした関係は、どのようにしたらつくられるのかということについては、公園の側、民家の側の両方からの検討が必要です。それは今後の検討にまたなければなりませんが、一つのヒントが、両者の間にある自動車の入らない小径の存在にあるように思われます。公園と民家が直接に接するのではなく、間に小径をへだてて接しています。この小径が緩衝《かんしょう》となって両者の良好な関係が成立しているように推察されます。この小径は、みちとしてきちんと確立された空間であると同時に、自動車の走る道路であってはならないのです。また、集会所や保育園や集合住宅によ

公園と住宅の間に自動車の入らない小径がある。ブロック塀も低い。

って、公園の安全性が確保されていることが、隣接する民家の心を開かせているのかもしれません。こうなると、公園の安全性を高めていくことが、隣接する民家との良好な関係をつくっていくことに重要な意味合いをもつことになります。公園とそれに隣接する民家との良好な関係は、公園の安全性を高めた結果として得られるということです。その良好な関係が、さらに公園の安全性を高めていくという好循環を生みます。まず、安全で親しまれる公園をつくることが、隣接する民家の心を開き、そのことによって、安全性や環境性をいっそう高めていくことができるのです。

公園が民家からかかわりを断ち切られたり、背を向けられたりすることなく、地域住民の居住環境の向上という本来の機能を果していくためには、まず公園自身が隣接する民家の心を開いていくことが必要なのです。

小径をはさんで両者はお互いに高く大きな障壁は設けていない。住宅の１階と２階に飾られた鉢物が美しい。

公園の北側には、道路をはさんで保育園がある。保育園は公園に顔を向けている。

公園の入口に集会所があり、折りにふれ地域の住民が集まってくる。

61　隣接する建物に守られる公園4

公園が隣接する戸建て住宅や集合住宅と良好な関係をつくりながら、犯罪の危険から子どもたちを守っている公園の事例をもう一つ紹介します。図68がそれです。

この公園が安全である一つの要因は公園の出入口にある店舗の存在です。公園の出入口の両端には魚屋とクリーニング店があります。こうした場所に存在する店舗は、その業種や規模によって、公園の安全性にとってプラスにもマイナスにもなります。この魚屋とクリーニング店は、公園で遊ぶ子どもたちを犯罪の危険から守っています。

魚屋や八百屋や肉屋やお総菜屋、クリーニング店や花屋といった店舗の顧客には地域性（領域性）があり、地域の住民が毎日のように集まってくる店舗は、子どもを地域で守る重要な役割を果しています。こうした

〔図68〕

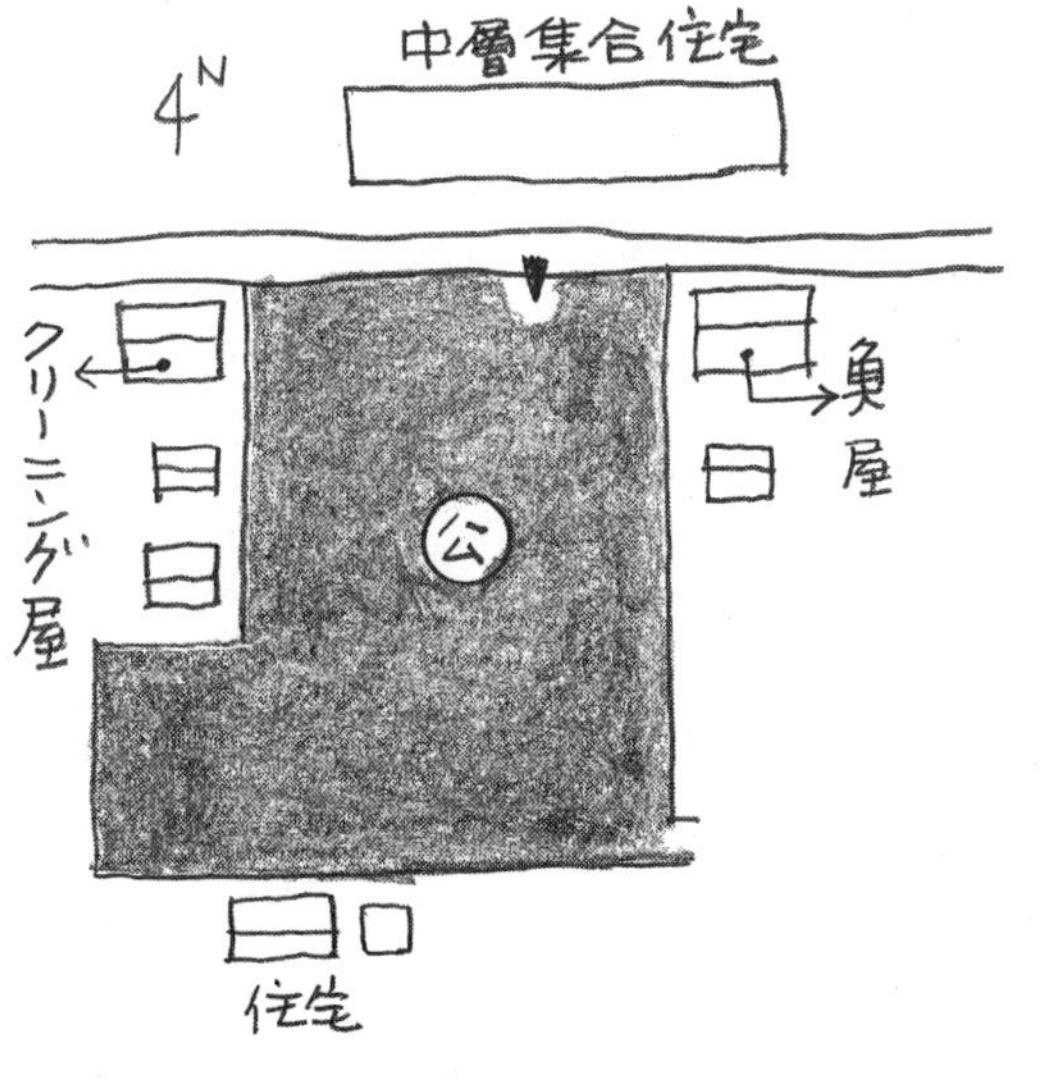

店舗は規模も大きくなく、多くは店主も地域の住民です。ここでは、地域の子どもたちの様子が話題となり、情報が交換されます。この種の店舗に活力をもたせていくことは、コミュニティーセンターをつくるより有効なのかもしれません。公園で遊ぶ子どもについても、店主も顧客も顔見知りです。不審者の侵入にも特別の注意が払われます。それにくらべてスーパーマーケットなどの大型店舗は、防犯力が弱く、地域の子どもを犯罪から守るためには問題をかかえていることはすでに検討してきたとおりです。

　二つ目の要因は、公園の北側に道路をはさんで中層の集合住宅が存在することです。公園に南面する中層の集合住宅が防犯の上で大きい役割を果していることは何度もふれたとおりです。

　また、公園の南側に隣接する戸建て住宅は、居間を公園に向けて開放的な構えをとっています。二階部分も合せて、この民家は公園に対して開放的です。これが、この公園の安全性を高めている三つ目の要素です。

　この民家の居間は、公園を借景《しゃっけい》として取りこんでいるようにすらみえます。民家と公園が、こうした関

公園の入口左側には魚屋があり、子どもたちを見守っている。

同じく右側にはクリーニング店がある。

係をつくり出しているのはきわめて異例です。こうした民家に隣接することによって、子どもたちは、犯罪から守られているのです。しかし、この公園が他の要因によって犯罪の危険から守られ、地域の人々から親しまれているがゆえに、民家が公園に対して心を開き開放的になっているのかどうかという点については不明です。前項と同じ課題が残っているわけです。しかし、ここでもまず、公園が防犯性を高めることによって、民家が公園に対して開かれると考えるのが妥当《だとう》でしょう。

隣り合う戸建て住宅と公園が良好な関係をつくりだすことは容易ではありません。この点については、事例と研究を積み上げていくことが必要です。

公園の南側には、公園に向かって居間を配した住宅がある。公園の風景を楽しんでいるかのようだ。

62 利用者によって守られる空間1（公園）

公園をはじめとする都市のオープンスペースを、犯罪の危険から守っていくためには、その空間の配置や内部構成、隣接空間との関係といったハード面が非常に大切です。しかし、もう一つの側面として、その空間を利用する人々によって安全性を高めていくというソフト面の工夫も必要です。図69は、そのことを考えさせる事例です。

ここは都営住宅の敷地内にある住棟と住棟にはさまれた公園です。この公園で犯罪は発生していません。道路一本隔てた高層集合住宅では、犯罪が多発しているのとは対照的な空間です。

この公園で犯罪の発生が見られない要因としてはいくつかのことが考えられますが、まず一つ目としては、この公園が住民の多様な要求にこたえて、よく利用されているということです。何人かの住民が集まって、

〔図69〕

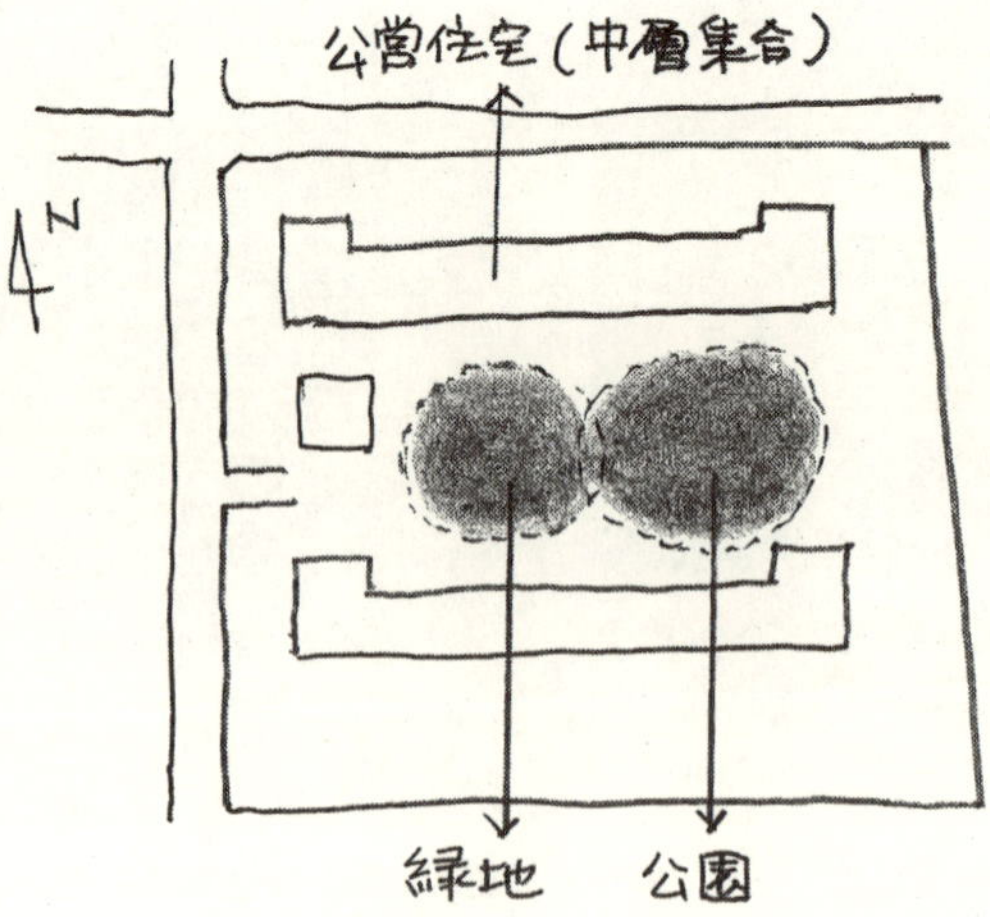

特別なお祭りでもないのにバーベキューを楽しんでいます。こうした行為は、特別に許可をとらないと一般にはできないことですが、この公園は団地自治会に管理がゆだねられているのでしょうか、団地住民に自分たちの庭先といった感じで使われています。別に団地以外の人々の利用が禁止されているわけではありませんが、団地住民にとっては庭先という感覚で多目的に利用されているわけです。こうなるとこの公園は安全です。児童遊園や街区公園は、本来こうした利用が望まれます。そうした利用が促進されれば、公園は犯罪の危険から守られるわけです。

二つ目は、お年寄りによる日常的な利用がみられるということです。お年寄りは地域の守り神です。この公園では、元気なお年寄りによって、子どもたちが守られているのです。この公園に限らず、地域の元気なお年寄りが集う公園は、安全な公園であることは、すでにみてきたとおりです。そのためには、公園の利用をめぐってお年寄りと子どもたちが対立するような愚は避けたいものです。専用の空間を必要とするゲートボールのようなものではなく、子どもたちが遊んだ後

中層の公営住宅と、その南側の公園。

の凸凹の地面でも楽しめるようなお年寄りのスポーツが望まれます。

三つ目は、この都営住宅が百戸程度の規模で住民のまとまりが大変良いということです。五階建ての中層住宅で、住戸数も多くないところから、住民のコミュニティー活動は盛んです。住民による防犯の見回り活動もおこなわれています。住民が公園をはじめ住棟まわりの空間をも積極的に管理していくためには、住棟の規模や住戸数に適正規模があることを物語っています。こうした意味からも、中層の集合住宅を高層の集合住宅に建て替えていくことには、再考が必要だといえるでしょう。

この公園には、中層の集合住宅が南面して隣接しています。これもまた、この公園の安全性を高めていることは当然のことです。こうした要因が重なって、この公園は大変安全な公園になっています。

公園の隣りの緑地では団地の住民がバーベキューの準備をしている。

63　利用者によって守られる空間2（路地）

そこを利用する住民が、日常の生活で、折りにふれてかかわりを深めているようなオープンスペースは、公園にかぎらず、犯罪の危険性の少ない安全な空間になるものです。図70の路地は、そうした空間の一つです。

この路地は、商店街に直角に交わっているいくつかの路地の一つです。この商店街にはいくつかの路地が直交していますが、犯罪の発生している路地と発生していない路地があります。一般的には、商店街周辺の路地は犯罪が発生しやすいことはすでに検討したとおりです。しかし、ここにとりあげた路地では犯罪は発生していないのです。

その要因は、この路地では、そこに住む人々の生活が表出しているということです。路地には草花の鉢植えがあちこちに出ています。スダレや風鈴がつるされ

〔図70〕

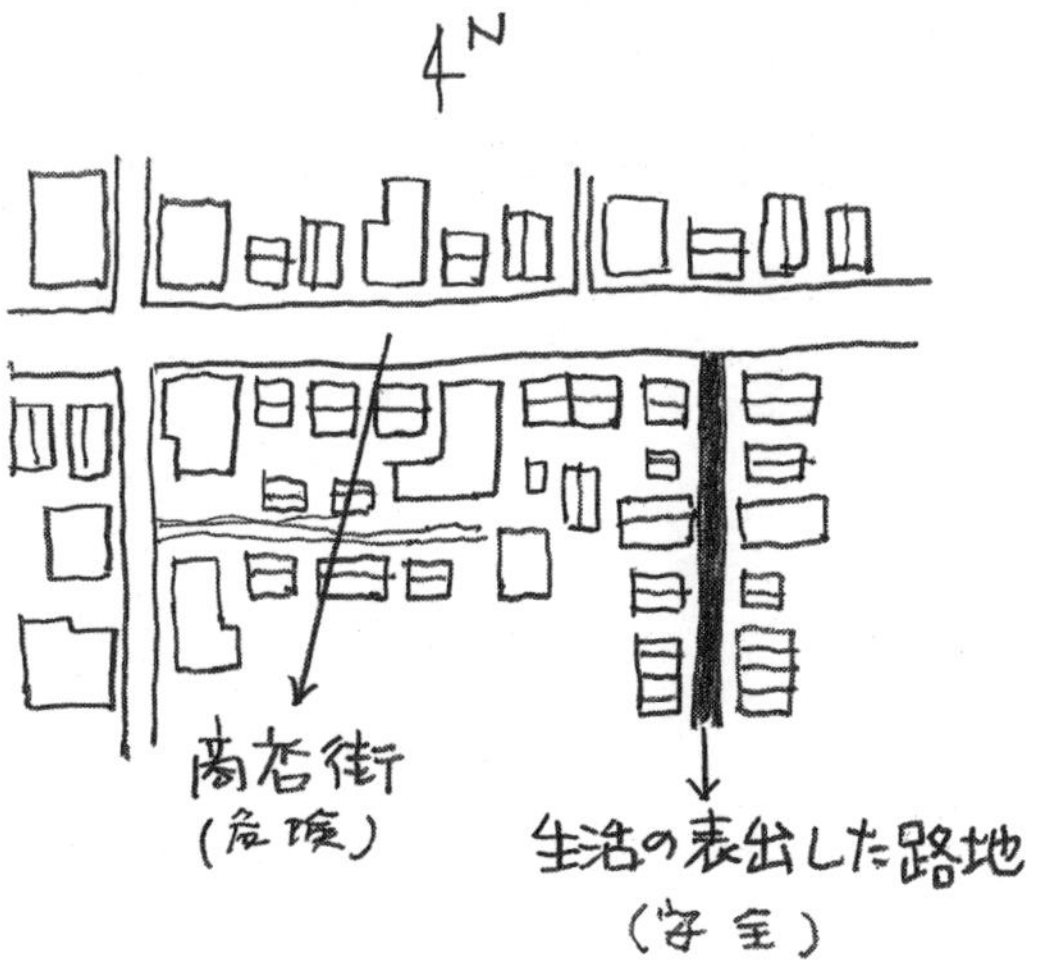

ています。立ち止まって談笑する住民の姿を見かけることもできます。このように、住民の生活が表出し生活感のある路地では犯罪はおこりにくいのです。この路地では、外からやってきた人たちも、そこに住む住民に気配りをしながら、通行することになるのでしょう。一般的に犯罪が発生しやすいとされ、実際にも犯罪があちこちで発生しているこの商店街につながっている路地のなかで、住民の生活が表出しているこの路地だけが、犯罪のない安全な路地になっているのです。

商店街と直交する路地だが、住民の生活が表出していて、子どもたちは守られている。

おわりに　子どもたちの安全なまちに向けて

犯罪の概要

子どもたちに対するアンケートによって示された犯罪に遭遇した危険個所を現地調査し、そこから得られた空間的知見を、図と写真で示しながら紹介してきました。調査は、犯罪現場の空間的知見の他に、

・被害の種類（どんなことをされたのか）
・被害時の年齢（何歳の時か）
・被害にあった時刻（何月の何時頃か）
・被害時の生活（何をしていた時に被害にあったのか）
・被害時の人数（何人でいるときに被害にあったのか）
・加害者の認知度（これまでに見かけたことのある人かどうか？）
・加害者の属性（性別と年齢）

といった犯罪についての一般的知見を得るためにもなされました。その概要について紹介します。

被害の種類

子どもたちに具体的にどのようなことをされたのかを記入してもらい、それらを、暴行、恐喝、脅迫などといった「粗暴犯」、性的いたずら、公然わいせつなどの「風俗犯」、自転車や金品を盗まれたなどの「窃盗犯」に大きく分類し、それぞれの特徴をみてみました。

粗暴犯や風俗犯といった直接身体に危害を加えられる被害が全体の五十五%を占めています。窃盗犯は四十五%です。男子と女子では、被害の状況に大きい違いがみられます。女子では風俗犯が全被害の過半を占めています。男子では風俗犯の占める比重は大きく後退し、粗暴犯の占める比重が高くなります。女子は性にかかわる犯罪に多くあい、男子は暴力にかかわる犯罪に多く遭遇しているわけです。

窃盗犯は性にかかわりなく高い比重を占めています。日本の都市では、子どもの頃から日常的に金品を盗まれているわけです。青年期になって平気で自転車など

年齢別の犯罪発生件数とその割合――東京都２区18校合計

	3才以下	4才	5才	6才	7才	8才	9才	10才	11才	12才	不明	計
男	1 (0.1)	4 (0.6)	9 (1.3)	20 (2.8)	41 (5.7)	85 (11.8)	135 (18.7)	189 (26.2)	156 (21.6)	67 (9.3)	14 (1.9)	721 (100)
女	0	3 (0.3)	13 (1.3)	23 (2.3)	60 (6.1)	119 (12.1)	183 (18.6)	258 (26.1)	214 (21.7)	93 (9.4)	21 (2.1)	987 (100)
計	1 (0.1)	7 (0.4)	23 (1.3)	43 (2.5)	101 (5.9)	204 (11.9)	318 (18.6)	447 (26.2)	370 (21.7)	160 (9.4)	35 (2.0)	1,709 (100)

（性別不明１）

単位：件（%）

他人の所有物を失敬する若者の出現は、彼ら自身が子どもの頃に金品を盗まれた被害者体験をもつことと無縁ではないでしょう。

被害時の年齢

子どもは何歳ぐらいの時に一番多く犯罪にあうのでしょうか？

調査は、小学校四・五・六年生に対して〃何歳の時にどんな犯罪にあったのか？〃という過去の経験をたずねています。したがって四年生以前の経験については、すべての子どもが答えていますが、五年生と六年生の経験については、まだその年齢に達していない子どももいますので、この年齢層についてはサンプル数が少ないということを考慮する必要があります。

こうしてみると、子どもたちが犯罪に遭遇するのは八歳ぐらいから目立つようになり、十歳ぐらいでピークを迎えています。（それ以降は減少しているのではなく、前述のような理由でサンプル数が少なくなっているからと考えられます）。この傾向は、子どもの生活の発達段階に合致しています。子どもは、小学四年生ぐらいから生活領域を大きく広げていくといわれています。この年齢期になると日常的に親の目のとどかない所へ生活領域が広がっていきます。小学校の低学年のうちは、自宅周辺を中心に遊んでいた子どもたちも、三・四年生になってくると小学校の交遊関係で学区全体に日常生活圏が広がり、高学年になるとすっかりそうした生活が定着してくるわけです。時には友だち同士で学区外へ出かけたりもするようになってきます。

こうして子どもたちが一回りたくましくなり、地域で生活しはじめたとき、それは一方で、犯罪の危険にさらされるようになるときでもあります。学校から帰ってきた子どもに「元気で外で遊んでいらっしゃい」と安心して送りだせない現実があるわけです。この年齢になると、学習塾に通いはじめるなど、夜型の生活が、こうした傾向に拍車をかけることになります。こうした傾向は、犯罪の種類や性による相違はあまりなく、全般的に共通するものです。

被害にあった時刻

一年のうちで何月頃がいちばん犯罪にあいやすいのでしょうか？

粗暴犯でいうと、八月をピークに、その時期から秋にかけてと、一月、二月に多くみられます。夏休みや冬休みといった、子どもたちが戸外でよく遊ぶ季節に被害が多いわけです。こうした季節には、ＰＴＡや子ども会育成会などの子育ての組織で地域のパトロールが実施されたりしていますが、時間的にも場所的にも、限定的なパトロール活動では限界があるものとみられます。こうした時期に、地域の大人たちが、子どもの生活に目を注いでやることは、調査の結果からみても、妥当性のあることだけに、活動の内容をもっと効果的にしたいものです。また、そうした機会に、子どもたちといっしょに、地域の環境点検を実施するとよいかもしれません。

子どもの生活体験や大人の目から見て、地域で犯罪の危険が予測される（あるいは実際に発生した）地点

月別の粗暴犯発生件数とその割合

	1月	2月	3月	4月	5月	6月	7月	8月	9月	10月	11月	12月	不明	計
男	19 (8.8)	21 (9.7)	6 (2.8)	12 (5.5)	12 (5.5)	10 (4.6)	15 (6.9)	24 (11.1)	23 (10.6)	17 (7.8)	17 (7.8)	11 (5.1)	30 (13.8)	210 (100)
女	10 (9.3)	7 (6.5)	0	2 (1.8)	5 (4.6)	6 (5.5)	9 (8.3)	10 (9.3)	7 (6.5)	10 (9.3)	8 (7.4)	7 (6.5)	27 (25.0)	108 (100)
計	29 (8.9)	28 (8.6)	6 (1.9)	14 (4.3)	17 (5.2)	16 (4.9)	24 (7.4)	34 (10.5)	30 (9.2)	27 (8.3)	25 (7.7)	18 (5.5)	57 (17.6)	325 (100)

単位：人（％）

時間別の粗暴犯発生件数とその割合

	7～9	9～11	11～13	13～15	15～17	17～19	19～21	21～23	23～7	不明	計
男	4 (1.8)	8 (3.7)	9 (4.2)	30 (13.8)	90 (41.5)	46 (21.2)	10 (4.6)	7 (3.2)	1 (0.5)	12 (5.5)	217 (100)
女	3 (2.8)	1 (0.9)	5 (4.6)	14 (13.0)	48 (44.4)	22 (20.4)	3 (2.8)	4 (3.7)	1 (0.9)	7 (6.5)	108 (100)
計	7 (2.2)	9 (2.8)	14 (4.3)	44 (13.5)	138 (42.5)	68 (20.9)	13 (4.0)	11 (3.4)	2 (0.6)	19 (5.8)	325 (100)

単位：人（％）

を洗いだし、その改善策をみんなで検討したいものです。そうすることによって、地域で子どもたちを犯罪から守る活動が、実行性の高いものになるとともに、通年的な活動へと広がっていくことが期待されます。粗暴犯にみられるこうした傾向は、風俗犯にも共通しています。窃盗犯でも、それほど大きい差異はみられません。

一日のうちで被害が最も多い時間帯は、午後の三時頃から五時頃までです。粗暴犯でも風俗犯でも全体の四割強がこの時間帯に集中しています。両者ともその前の午後一時から三時までに一割強が、その後の午後五時から七時までに全体の二割強が、集中しています。午後一時から七時までの時間帯に七割以上が集中しているわけです。日没の関係で、冬季にはこの時間帯の前半に、夏季には後半にウエイトがかかると想像されます。この時間帯は、子どもにとっては学校が終わって一日で一番楽しい時なのです。その時に、犯罪の危険性も一番高いのです。窃盗犯については、粗暴犯や風俗犯にくらべて、被害にあった時刻がわからないとする者が多いのが特徴的です。自分がその場に居ないときに被害にあっていることが多いので、時刻が特定できないものと思われます。

被害時の生活

子どもは何をしていて犯罪にあっているのでしょうか？

粗暴犯でみると、全被害者の三分の一強の子どもが「遊んでいたとき」に被害にあっています。このなかには、遊び場への行き帰りもふくまれていますが、遊びという子どもには一番楽しいはずの生活時に犯罪にあう危険性が最も高いわけです。次いで「登下校の途中」「習い事の行き帰り」となっています。これらの生活時中にもそれぞれ一割強の犯罪が発生しています。この傾向に性による差異はみられません。

風俗犯でも傾向に大きな差異はみられませんが、「遊んでいたとき」への集中度がやや低下し、「登下校の途中」や「習い事の行き帰り」がそれぞれ二割弱にまで高くなります。とくにこの傾向は男子に顕著《けんちょ》です。これは風俗犯がそれだけ子どもたちの生活の広い領域で発生していることを物語っているわけです。

窃盗犯については、子どもが「自宅や学校などの建物の内に居たとき」（調査票では「その他」）が半数近くを占めています。次いで、「遊んでいたとき」が二割強、「習い事への行き帰り」が一割強と続いています。ここでも、窃盗犯の多くが、子どもがその場に不在のときという特徴が表れています。この傾向に性による差異はみられません。

被害時の人数

何人ぐらいでいたときに犯罪にあっているのでしょうか？

粗暴犯でいうと、犯罪にあった子どもの四人に一人が「一人でいたとき」に被害にあっています。「二人でいたとき」も同じくらいの比率を占めています。すなわち、一人か二人でいたときに犯罪にあっているケースが過半を占めているわけです。

しかし、多人数でいれば安全かというとそういうわけではありません。被害者の半数近くが「三人以上で

生活行為別の粗暴犯発生件数とその割合

	遊んでいた	待ちあわせ	休んでいた	登下校の途中	買物の途中	習い事の行き帰り	その他	不明	計
男	83 (38.3)	7 (3.2)	9 (4.1)	30 (13.8)	23 (10.6)	23 (10.6)	39 (18.0)	3 (1.4)	217 (100)
女	43 (39.8)	6 (5.6)	3 (2.8)	14 (13.0)	9 (8.3)	14 (13.0)	19 (17.5)	0	108 (100)
計	126 (38.8)	13 (4.0)	12 (3.7)	44 (13.5)	32 (9.8)	37 (11.4)	58 (17.9)	3 (0.9)	325 (100)

単位：人（％）

いっしょにいた人数別の粗暴犯発生件数とその割合

	自分1人	2人	3人	4人	5人	6人以上	不明	計
男	63 (29.1)	48 (22.1)	30 (13.8)	31 (14.3)	8 (3.7)	33 (15.2)	4 (1.8)	217 (100)
女	22 (20.4)	35 (32.4)	16 (14.8)	15 (13.9)	9 (8.3)	9 (8.3)	2 (1.9)	108 (100)
計	85 (26.2)	83 (25.5)	46 (14.2)	46 (14.2)	17 (5.2)	42 (12.9)	6 (1.8)	325 (100)

単位：人（％）

いたとき」に犯罪にあっているわけですから。とくに「六人以上でいたとき」にも一割強の犯罪が発生しています。恐喝などの粗暴犯は、結構多人数でいても発生しているものなのです。

こうした傾向に性による違いはあまりみられませんが、男子の方が「一人でいたとき」「六人以上でいたとき」の占める比率が高く、被害時にいっしょにいた友だちの数との関係では、いろいろなタイプが存在しているように推測されます。これにくらべて女子の場合は、「二人」以内が過半を占め、それ以降は、友だちの数とともに比率が低下しています。友だちの数が安全と相関しているわけです。

風俗犯では、粗暴犯と違った傾向をみせます。「一人でいたとき」が四割近くを占め、「二人でいたとき」を加えると七割近くに達します。友だちの数が増えるとともに比率は低くなっています。風俗犯の大半は「一人または二人でいたとき」に発生しているといえますし、そのときいっしょにいた友達の数が犯罪の発生と強く相関しているわけです。この傾向に性による違いはみられません。

窃盗犯についても、人数の増加とともに被害にあう比率は低下しています。しかし、窃盗犯の場合には、犯罪現場にいないときに被害にあうことが普通ですから、犯罪にあったときの人数と犯罪との間に相関関係を求めることには無理があります。

加害者の認知度と属性

子どもに対する加害者は、どんな人なのでしょうか？　加害者像を素描してみると、そこには意外な姿が浮び上がってきます。

風俗犯をとりあげて、このことをみてみます。まず、加害者に対する認知度ですが、「見たことがない人」が八割を占めます。「よく見かける人」は五％弱であり、「たまに見かける人」を加えても、見かけたことのある人は二割にもなりません。性による違いとしては、男子の方が「見たことがない人」が七割強とやや比率を低めてはいますが、全体の傾向に大きい違いはみられません。子どもに対する犯罪は、「見かけたことのある人」よりも圧倒的に「見たことがない人」によっておこされているわけです。

加害者の属性ですが、一番多いのは成人男子（表では「大人（男）」）です。これが七割強を占めています。続いて「高校生ぐらい」が一割強、「高齢者（老人）」が一割弱となっています。子どもへの犯罪の大半が成人男子によっておこされているわけです。

加害者の姿を、認知度と属性を重ね合わせて素描すると、「見たことがない成人男子」という姿が浮び上がってきます。子どもたちへの犯罪の多くは、いわゆる地域の不良や公園などにたむろしている人によってなされているのではありません。その多くは、見たことのない成人男子によっておこされているのです。

犯罪現場を実地調査した時、公園や広場で、昼休みの時間帯でもないのに、頭をたれてベンチに腰掛けている背広姿のサラリーマンの姿が散見されました。ときには、手を握りしめ奇声を発するネクタイ姿の成人男子の姿もありました。また、放心したかのように、バックを抱えて目を閉じているサラリーマンの姿もありました。そこには、リストラという名の馘切《くびき》りが横行する競争社会のなかで、あえぎ苦しむ大人たちの現

風俗犯被害者の加害者にたいする認知度

	よく見かける	たまに見かける	見たことがない	その他	不明	計
男	5 (6.2)	13 (16.3)	58 (72.5)	2 (2.5)	2 (2.5)	80 (100)
女	23 (4.4)	64 (12.0)	429 (80.6)	7 (1.3)	9 (1.7)	532 (100)
計	28 (4.6)	77 (12.6)	488 (79.6)	9 (1.5)	11 (1.7)	613 (100)

（性別不明１）　単位：人（%）

風俗犯被害者から見た加害者の年齢階層

	小学生ぐらい	中学生ぐらい	高校生ぐらい	大人（男）	大人（女）	老人	その他	不明	計
男	3 (3.8)	2 (2.5)	6 (7.5)	47 (58.7)	2 (2.5)	18 (22.5)	0	2 (2.5)	80 (100)
女	3 (0.6)	19 (3.6)	66 (12.4)	396 (74.4)	3 (0.6)	34 (6.3)	2 (0.4)	9 (1.7)	532 (100)
計	6 (0.9)	21 (3.4)	72 (11.8)	444 (72.5)	5 (0.8)	52 (8.5)	2 (0.3)	11 (1.8)	613 (100)

（性別不明１）　単位：人（%）

実の一端が映しだされていました。急激な経済不況のなかで、きびしい競争の渦に巻きこまれた多くの成人男子（それはけっして男性だけではなく女性をもふくむ社会現象ですが、その多くの部分を成人男子が背負わされている）は、猛烈なストレスを抱えこんでいます。このストレスが、そのハケ口の一つとして、子どもたちに対する犯罪に向けられているという悲しい現実が浮び上がってくるわけです。もちろん、ストレス社会に生きる人々が、すべてそうした犯罪にハケ口を求めるというものではありません。しかし、これは特殊な人たちだといって片づけてしまえない現実が存在するわけです。子どもへの犯罪の四分の三が「見たことがない成人男子」によってひきおこされているわけですから。

日本の都市では、すべての子どもたちが犯罪の危険と背中合わせに生活しているという事実を指摘してきましたが、逆に言えば、極端なストレス社会のなかで、すべての勤労者が子どもたちをはじめとする社会的弱者に対する犯罪の加害者になりうる状況下で生活しているともいえるわけです。少なくとも、その危険性を指摘しないわけにはいきません。なぜなら、極端なストレスは個人的処理の限界を超えたとき、弱者に向けて、そのハケ口を求めることが少なくないからです。そのときに子どもは格好のエジキになるからです。日本の都市では、そうした現実がすでに顕在《けんざい》化《か》していることを指摘しておかなくてはなりません。地域の不良や浮浪者だけをマークしていれば事足りるという現実ではないのです。

粗暴犯の加害者は、風俗犯にくらべて、小・中・高校生などの生徒の比率が高くなっています。窃盗犯では当然のこととして、加害者「不明」が過半を占めています。

安全なまちづくりに向けて

人間の犯す犯罪から人間をどのように守っていくべきかという課題は、二十世紀の都市が抱えた大きな矛盾です。次の世紀には、その解決に向かって、大きく歩みださなくてはならないのです。安全といわれた日本の都市も例外ではなくなっています。

犯罪から守られた都市をつくるということは、きわめて総合的な課題です。一人一人の生活のありかた、生産や労働や教育のありかた、近隣社会にかんする社会的制度や組織のありかた、警察をはじめ防犯上の専門的組織のありかた、都市空間の設計や建設や管理のありかた、といった人間生活の全般にわたる視点からの検討が必要です。また、都市空間の問題に限定しても、それを防犯の視点からだけ論ずるわけにはいきません。それぞれの空間にかかわるすべての機能の面から検討する姿勢が必要です。なぜなら、単純に防犯の視点からのみ空間を規定していくならば、他の機能を低下させ、結果として生活感のない空間をつくりだし、防犯上もかえってマイナスになってしまいかねないからです。このことをまず前提にしなくてはなりません。

しかし、このことは、都市空間の面から犯罪の問題を検証することをけっして否定するものではありません。なぜならば犯罪の問題がもっている総合性の深まりは、それにかかわる個別分野での専門性の深まりにつながるものだからです。そうした意味で、犯罪の問題を空間的側面のみから検討するという視点の不充分さは、他の分野との総合的検討によって克服されるものであります。まずこのことを確認した上で、本論の最後に、個々の事例の検証のなかでは不十分だった〝安全なまち〟に向けてのいくつかの提言をまとめておきます。

まちという全体をみた部分の設計

まちはどのような単位（町内、小学校区、地区、市町村など）をとってみても、個々の建物や公園や道路などによって構成されています。これらの一つ一つはまちの部分（部品）というわけです。一つ一つの部品は、それぞれが独自の機能をもっていますが、それはまた、まちという全体を構成する重要な部分でもあるわけです。

それぞれの施設は、この両面からの検討が必要なわけですが、あまりそのことが留意されず、それぞれ固有の機能だけを考えてつくられることが少なくありません。その結果、部分としてはきわめて優れた空間がつくられても、それらの集合としてのまちは、統一性に欠けたバラバラの部分の集合体にしかなっていないということです。人間は、個々の施設のなかだけで完結した生活をおくっているのではありません。それらの集合体としてのまちを舞台に、毎日生活しています。いくら部品が磨きあげられていても、それらの組合わせがまずければ、製品としてのまちはいいものになるわけがありません。製品としてのよいまちをつくりあげていくためには、各部品を役割にあわせてどう組合わせるかという、全体的視点からの見直しが不可欠です。

公園や道路といったオープンスペースも、住宅や公共施設といった建築物も、きわめて自己完結の傾向が強く、周囲の空間とかかわってまちをつくっていくという志向に欠けています。この点での改善がされていくならば、まちはもっと安全で快適なものになっていくでしょうし、各施設もお互いに相乗効果を発揮して、より良い環境を手に入れることが可能です。こうした事例をこれまでの検討項目のなかからあげれば、公園と隣接する公共公益施設との問題があります。道路と沿道住宅との問題があります。区画整理で先行的につくられた公園とその後につくられる周辺の住宅との問題があります。高層化によって一階部分を粗放的《そほうてき》にしか利用しない建物と周辺のオープンスペースとの問題があります。こうした問題に立ち向かう第一歩として、空間を私的な部分から公的な部分へと広げていくやりかたに工夫が必要です。私的な部分から半私的（半公的）な部分を経て公的な部分へとつなげていく方法が有効です。そして、この半私的（半公的）な部分の設計や管理が重要な意味をもっています。

この点では、大学などにおける専門家の教育方法にも問題があります。まず敷地が与えられ、その敷地の中だけでそれぞれの施設の設計を考えがちです。たとえば、公園をつくる場合でも、与えられた敷地のなかだけで、植栽をどうするか、遊具をどうするか、広場をどうするかといった課題を考えるのが普通です。この公園がどんな所に立地するのか、周りの空間状況はどうなっているのか、そうしたこととの関係で、この公園を位置づけて、それに必要な機能を空間として表現していくような教育が必要になっています。建築物や道路などの場合も同じことがいえるでしょう。

部品を総合化していく視点は、空間だけではなく日常の生活においても再考しなくてはならない課題になっています。本来、総合的なものであるはずの生活が、限定された部品に解体されつつあります。教育は学校で、買物はスーパーで、スポーツはジムで、サークル活動は集会施設で、といった部品に分けられて、それぞれの部品は単一の機能に純化されています。地域の商店街の八百屋や魚屋さんがもっていた、買物や教育や散策やコミュニティーの醸成といった複合的な機能は見捨てられつつあります。一つの空間が、日常の生活のうえで複合的な機能をもつということの有効性を見直す必要があります。

生活が一つ一つの機能に細分化され、空間が純化されていくことは、それぞれの機能からだけみれば進歩とみられても、生活者の側からみれば、関係しない空間が生じるとその機能が生活のなかから欠落していくことを意味しています。学校へ行かなければ子どもの教育にかんする情報も得られないし、集会施設がなければ地域で友人を得ることもむずかしくなるといったことになりかねません。一つの空間がさまざまな機能をもっていることは、生活に必要なさまざまな情報を得るという点でも、そこから生活の領域と行動を広げていくという点でも有効なわけです。地域を生活の拠点としている子どもたちにとって、複合的機能の集合体としての地域を再生し活性化していくことは、きわめて有効であり、必要不可欠なことです。そのことが子どもたちを犯罪の危険から守っていくことにもつながっています。

人間を守るのは人間である

人間の犯す犯罪から人間を守るのもまた人間です。子どもたちに対して犯罪を犯すのも人間ですが、また、それから子どもたちを守るのも人間なのです。そうした意味で、人間が人間とかかわることを避けていくような生活やまちづくりは有効ではありません。こうした視点から問題になる事例をいくつかあげてみましょう。

地域のレベルからみても、施設のレベルからみても過疎化が進んでいます。住民数が急激に減少していく地域がみられ、ほとんど無人化する施設が生れています。情報化社会が進むなかで生活の屋内化に拍車がかかっています。買物でも遊びでも屋外に出る機会が減少しているわけです。また、高層集合住宅など生活空間の巨大化は、近隣社会での人間関係の成熟を困難にしています。加えて、人間関係の弱体化はその反動としてプライバシー確保の要求を強め、外部空間とのかかわりをさまざまな側面で断ち切っています。

都市を、もっと多くの人々が働き、学び、生活を楽しむ場所として再生していくことが必要です。生活のすべての面において進む情報化の嵐を、人間の生活を豊かにするという観点から再検討することが必要です。情報化を経済活動の新分野の開拓という低いレベルに止めておくのではなく、人間生活の豊かな発展のために活用することが必要とされています。生活のすべてを金もうけの対象にするような情報化は再検討が必要です。人間の生活では、とりわけ子どもの生活のなかでは、情報化に一定のルールが必要なのです。そこではもっと原始的で生の体験が重視されなければなりません。そんな体験を展開するのがまちという空間なのです。巨大生活空間の建設にも再検討が必要です。経済的効率や合理性だけを重視したまちづくりの見直しが必要なのです。人間の生活には、それに合った空間の適正な規模があるのです。その規模を超えると、他人との関係を結ぶことがむずかしくなり、人間の生活はいびつなものになっていくのです。

くりかえしますが、人間の犯す犯罪から人間を守るのもまた人間なのです。このことをもっとはっきりさせたまちづくりが必要です。オートロックで自分の空間だけを守る方向ではなく、一人一人がもっと外に出かけることによってまち全体を守っていくことを志向しなくてはなりません。そのための第一歩として、地域の高齢者に期待したいものです。高齢者が元気なまちは子どもにも安全なまちです。お父さんも、日曜ごとにゴルフ棒をかついで自然環境をいためつける生活に見切りをつけて、地域を散策し、友人や子どもたちといっしょに遊んでほしいものです。お母さんも、地域に出て友だちといっしょの生活を楽しんでほしいものです。

公園を見直しつくり直す

最後に、既存の公園を、地域住民の手で見直しつくり直していく国民的運動を提唱したいと思います。公園は、過密化を深めるわが国の都市にあっては、きわめて大切なオープンスペースですが、すでに検討を重ねてきたように多くの問題を抱えています。公園に、地域住民の手によって、それにふさわしい地位と役割を与えていくことが求められているのです。そのときに必要なのは使いやすさと防犯の視点です。この二つの視点から、地域住民による見直し作業をすすめていくことです。これには造園家などの専門家の支援が望まれます。こうして出来上がってくる見直し案の実現には、行政による財政的支援が準備されなくてはなりません。これらの公園の管理や運営には、そのかなりの部分において地域住民の主体的なかかわりを保障していかなくてはなりません。

地域住民によって、見直されつくり直され、それゆえに〝自分たちの公園〟として愛され活用される公園は、地域の宝となり、それにふさわしい役割を果すことができるようになるでしょう。公園は、まちのリビングルームです。地域に暮らす人々の協同の生活が、公園を仲立ちにして広がっていくようなまちづくりを期待したいものです。

こうした見直しつくり直しの作業は、公園にかぎらず、道路や公共公益施設にも共通するものです。こうした活動に、地域住民が主体的にかかわっていくことによって、地域住民の私有の空間も、周辺のまちに心を開き、まちづくりという共通の土台が築かれていくのです。

まず、その手はじめとして、地域住民による「公園の見直しつくり直し」の活動を提唱します。

あとがき

新しい世紀を前にして、日本の大学は大きい試練に立たされています。独立行政法人化から、さらには民営化へとつながる門口に立たされているのです。大学が主として担ってきた高等教育と基礎研究にストレートに市場原理を導入することが、この国の将来に何をもたらすかということを考えると、暗澹《あんたん》とした思いに駆りたてられるものがあります。行財政改革の方向はもっと異なる視点から検討されなければならないし、この国の将来を考えるならば、むしろ、私立大学も含めて大学の教育・研究環境はもっと充実させるべきです。せめてヨーロッパ並みの環境を目標にすべきであります。

いま日本の大学人の多くは自己改革を模索しながら独立行政法人化に強く反対しています。国が高等教育と基礎研究の遂行《すいこう》に責任を放棄してはならないと考えているからです。しかし、大学人のこうした強い危惧《きぐ》にもかかわらず、こうした事情が広く国民に理解され支持されるという状況にはなっていません。——ここに今日、日本の大学がかかえている大きな問題が存在していると思われます。特に国民の税金に全面的に依拠している国公立大学にはきわめて重い課題が提起されていると考えるべきです。今日の状況は、大学が国民の生活からあまりにも隔絶《かくぜつ》し、彼らの日常的関心事から遠い存在になっていることを意味しています。社会性や倫理観の貧しい個人的趣味的研究が横行したり、ストレートに企業活動と直結するような研究が肥大化したり、さらには、極端な業績主義にふりまわされて、国民が大学に寄せる信頼や期待が大きく低下してきています。大学はもっと国民生活のなかに深く根を張り、そこからにじみでる悲しみや苦しみ、楽しみや喜びを体感し、その視点から研究と教育を再構築していくことが求められているのです。

　都市計画や造園計画の分野とて例外ではありません。国民の住みよい生活空間をつくりだしていくために、もっと深く国民生活のなかに根を張り、そこから研究課題を発掘し、基礎的研究を積み重ねながら、得られた成果をまちづくりに生かしていくという姿勢をもっと明確にすべきであります。そのなかで大切なことは大学が行うべき研究の位置と役割をはっきりさせていくことです。住みよいまちづくりは、大学の研究だけでもたらされるものではありません。国や自治体の職員、企業の技術者（計画者）、一人一人の住民や住民組織といった多くの人々の連携《れんけい》と協同によって可能になるものです。そうしたなかで、大学人がどんな役割を期待されているかを十分に視野に入れる必要があります。自治体などの日常業務では取り組めないこと、民間の企業活動には取り込みにくいこと、住民の日常生活のなかではなかなか見えてこないことなど、各階層がかかえている弱点をおぎなう形で、時間をかけ、基礎的で将来的で先駆的な事柄を中心にして、大学はその役割を果たさなくてはならないのです。

　この研究がそうした要件を備えているとは思えませんが、そうした目標をかかげて希望をもって取り組んできました。都市計画や公園造りを専門とする大学人はどんな視点からどんな研究に取り組むべきかが、広くまちづくりに関わる人々の間で討議される一つのきっかけになればと思っています。

　この本を、子どもの育つ環境に関心のある多くの方々に読んでほしいと思っています。都市計画、造園計画、建築計画、土木計画などの専門的領域の研究者、学生、企業や自治体の担当職員の方々。学校の教師の方々。子ども会やＰＴＡや老人会や町内会などで活動されている方々。警察など防犯組織の方々。さらには、お父さんやお母さん方にも読んでほしいと思っています。

最後に、私にこうした研究の視座と機会を与えてくださった、故西山夘三京大名誉教授、宮崎元夫千葉大名誉教授に心から感謝します。また、千葉大学の藤井英二郎助教授、木下勇助教授、さらには、増田成玄、椎野亜紀夫君をはじめ研究室の院生、学生の皆さんには大きな支援、協力をいただきました。研究室の事務官の池田君枝、山岸美和子さん、晶文社の島崎勉さんには、原稿の整理ほか、大変お世話になりました。ここに厚く御礼申し上げます。

二〇〇〇年早春

戸定ヶ丘にて　中村　攻

著者について
中村攻（なかむら・おさむ）
一九四二年生まれ。現在、千葉大学園芸学部緑地・環境学科教授。地域計画学担当。工学博士。都市計画学会、造園学会、建築学会、農村計画学会、会員。
主な著書
『松戸子ども白書』（編著、自治体研究社）
『日本型グリーンツーリズム』（共著、都市文化社）
『地域経営型グリーンツーリズム』（共著、都市文化社）
主な作品
「千葉白子町健康管理センター基本設計」
「埼玉県川里村農業センター及び都市公園の基本設計」
「栃木県栃木市岩舟地区田園居住区整備基本計画」他。

子《こ》どもはどこで犯罪《はんざい》にあっているか
犯罪空間の実情・要因・対策
二〇〇〇年三月一〇日初版
二〇〇六年一月一〇日六刷
著者　中村攻
発行者　株式会社晶文社
東京都千代田区外神田二−一−一二
電話東京三二五五局四五〇一（代表）・四五〇三（編集）
URL http://www.shobunsha.co.jp
堀内印刷・美行製本